HANDDRAWING
OF HAIRSTYLE

发型设计手绘

技法与临摹范本

陈永恒 编著

人民邮电出版社
北京

图书在版编目（CIP）数据

发型设计手绘技法与临摹范本 / 陈永恒编著. -- 北京 : 人民邮电出版社, 2020.11
ISBN 978-7-115-54676-0

Ⅰ. ①发… Ⅱ. ①陈… Ⅲ. ①发型－设计②人物画技法 Ⅳ. ①TS974.21②J211.25

中国版本图书馆CIP数据核字(2020)第183739号

内 容 提 要

这是一本发型设计手绘教程。本书首先介绍发型设计手绘的作用和类型，接着介绍面部结构和五官的具体画法、各种发型的基本表现方法，以及发型与脸形的搭配。本书展示了 4 个男士发型设计手绘案例和 4 个女士发型设计手绘案例，并且有大量作品展示，可供读者临摹学习。本书附赠 3 个教学视频，可以使读者更好地了解绘画过程。

本书适合发型设计师阅读，同时可供人像绘画爱好者学习。

◆ 编　　著　陈永恒
责任编辑　赵　迟
责任印制　马振武
◆ 人民邮电出版社出版发行　　北京市丰台区成寿寺路 11 号
邮编　100164　　电子邮件　315@ptpress.com.cn
网址　https://www.ptpress.com.cn
三河市中晟雅豪印务有限公司印刷
◆ 开本：787×1092　1/16
印张：12.5
字数：330 千字　　2020 年 11 月第 1 版
印数：1－2 500 册　　2020 年 11 月河北第 1 次印刷

定价：69.00 元

读者服务热线：(010)81055410　印装质量热线：(010)81055316
反盗版热线：(010)81055315
广告经营许可证：京东市监广登字 20170147 号

前言 PREFACE

在很多设计领域，手绘都是一项专业技能，画好设计图对设计而言具有重要的意义。在发型设计行业，发型师可以通过手绘更好地理解发型的形态、纹理、构成，并培养一定的设计能力、表现能力、审美能力和创作能力。发型设计的学习过程相当于发型设计的流程：了解头部结构与脸形—确定发型裁剪结构—确定纹理质感—建立形式感（款式）。

一幅好的发型手绘作品是发型设计师自我素质和能力的体现，其中包括头部比例关系的处理，明暗关系、发型款式及纹理质感的表现。所以发型设计手绘既是一种设计表达形式，也是一种能体现发型设计师综合设计素养的有效方法。

很多人在学习发型设计手绘很长一段时间后，依然会感到迷惘，虽然基本掌握了发型设计绘制方法，但是并不能顺利将手绘应用于设计。这样的学习训练会让我们错过很多有意义的知识积累，也会让我们错过美感与设计习惯的培养。而本书将帮助读者解决这一问题。发型设计手绘的训练就是发型设计的训练，在这个基础上再实践，会有更多的直观感受。发型手绘图还要具有可塑造的真实美感，否则就不能成为真正的发型手绘图。发型师在进行发型款式设计时，发型手绘图的绘制过程就是设计探索和思考的过程，这个过程中包括概念、形状的确定，而当一个想法逐渐清晰明朗时，便可汇总成一种造型的基础，通过不断调整，最后延伸出更多的效果图，再通过权衡筛选出满意的设计方案。

对于人物手绘爱好者来说，在表现发型时很容易忽略发型最深层次的结构关系，而是以粗略的线条来表现。通过对本书的学习，大家可以掌握发型设计手绘技能，从而在人物绘画中随心所欲且准确地表现多元化的造型，并呈现真实的美感。

本书融入了我对发型设计素描的深刻体会。我研究发型设计手绘十余载，希望我总结的这套方法既适合各个阶段的发型师，也可以帮助绘画爱好者了解发型的画法。我经历了美发行业的多次变化，对发型设计手绘的感受起起落落。现在将自己的感悟和总结的技法以图书的形式呈现出来，期待与行业的设计师和手绘爱好者分享、交流。

目 录 CONTENTS

第 3 章

发型的基本表现方法 033

第 4 章

发型设计手绘案例解析 053

第 5 章

男士发型设计手绘临摹范本 071

第 6 章

女士发型设计手绘临摹范本 147

第1章

认识发型设计手绘

1.1 手绘与发型设计的关系

1.1.1 素描是发型设计的基础

发型设计是一门造型艺术，其目的是塑造和美化人物形象，具有实用性和审美性。发型设计以个体为对象，要根据每一个人的需求和具体条件"量体裁衣"，创造出可视的艺术形象。

发型设计是一个由意象到具象的造型过程，是一个不断深化、逐渐完善的创作过程。而素描是一切造型艺术的基础。素描基本功越扎实，发型设计的表现能力就越强，创作水平也更容易得到提高。

在这里，我们讲的素描不是纯艺术素描，而是设计素描。发型设计素描不仅需要表现发型的直观外形、纹理，而且还需要表现出它的内在结构，即结构的组成元素及其相互之间的关系。学好发型设计素描，可以从造型、结构、工艺、技术、发质特征、力的走势等方面去认识、分析发型，有助于创造新形态，并为培养想象力打下基础。

1.1.2 手绘是体现发型设计构思的手段

发型设计构思是对发型样式的一种创造性思考、设想和确立，发型设计手绘则是以绘画的形式把设想的样式具体化，并形象地表现在画面上，使之成为表达设计构思的设计图（也称效果图）。同时，发型设计手绘也是体现发型样式的造型依据。手绘能力强，设计意图就能表现得更充分、更生动。一幅好的发型设计图不仅具有实用性，同时也具有一定的审美意义。

发型设计师可以用手绘的形式将发型构思具体化。发型的构成元素主要是点、线、面，通过不同的构成方式（如对称、均衡、对比、渐变、重复、交替等）可以呈现出不同的造型。

下面几组图片表现了"一发多变"的概念，即运用手绘表现一款发型的不同效果。

1.1.3 手绘对发型设计的作用

在发型设计中，无论是对手绘基本功的掌握，还是对手绘造型基础知识的理解，抑或是对手绘造型语言的运用，都直接或间接地与设计创作有关。

掌握手绘基本功对于培养形象思维能力、提高发型设计水平和艺术鉴赏能力都有极为重要的意义。

1.2 发型设计手绘的表现形式

线条在手绘表现中非常重要。用线的方式多种多样，归纳起来有两种：一种是用单线描绘物体，如中国的白描、西方的速写；另一种是用排线涂色，如用直线（竖线、横线）、斜线、曲线等。另外，还可以用线与面结合的方法，本着“线即面、面即线”的原则来充分表现画面。所谓线就是极窄的面，而面就是拓宽的线，线与面是不可分的。

发型设计手绘的表现形式一般分为三种类型，即线画法、明暗画法和线面结合画法。

1.2.1 线画法

线画法即用单纯的线条简单扼要地把对象描绘出来，它是一种基本的绘画表现形式和方法。线条在表现形体、结构、体面转折、立体感、空间感等方面具有很强的艺术表现力和很高的审美价值。在练习时，要着重理解用线条涂色的方法，画线时速度要快，落笔要轻，运笔时手腕要用力。线条的两端应柔和，中间实，两头虚，排线要均匀，黑白调子的过渡要自然和谐。

在发型表现中，应注意线条的准确性。准确的线条能够确定一款发型的结构、外围轮廓及纹理，能够表现出一款发型的走向和动态。线条应干净简单，并体现出头发的流畅度、虚实感与层次感。另外，线条的形态是千变万化的。

1.2.2 明暗画法

明暗画法即用丰富的线条表现物体的结构、质感、空间等，这也是素描训练中明暗、色调的基本造型手法。这种画法可以塑造体积感和真实感。明暗画法主要是通过控制画面的黑白分布比例来表现整体效果。一幅素描有一个整体基调，在处理每幅素描时，都要给画面设定一个基调，如明亮调、暗调、中间调等。

明亮调即暗（黑）色少，亮（白）色多，画面清晰；暗调即暗（黑）色多，亮（白）色少，画面深沉；中间调即黑白色的分布不偏重任何一方。

1.2.3 线面结合画法

线面结合画法就是把线画法和明暗画法结合起来。这种画法既有线画法的优美，又有明暗画法的深度，既简明扼要，又真实生动，能够塑造发型的艺术性。

第2章

人物面部手绘

2.1 面部五官比例——三庭五眼

一般运用三庭五眼法来确定面部的比例。

三庭指脸的长度比例，从前额发际线到下巴平均分为三份，从前额发际线到眉毛、从眉毛到鼻底、从鼻底到下巴长度一致。

五眼是指脸的宽度比例，在眼睛的水平线上平均分为五份，两眼之间的距离等于一只眼睛的长度，眼尾到太阳穴的位置也等于一只眼睛的长度。眼睛、鼻子、嘴巴以中心竖线为轴左右对称。

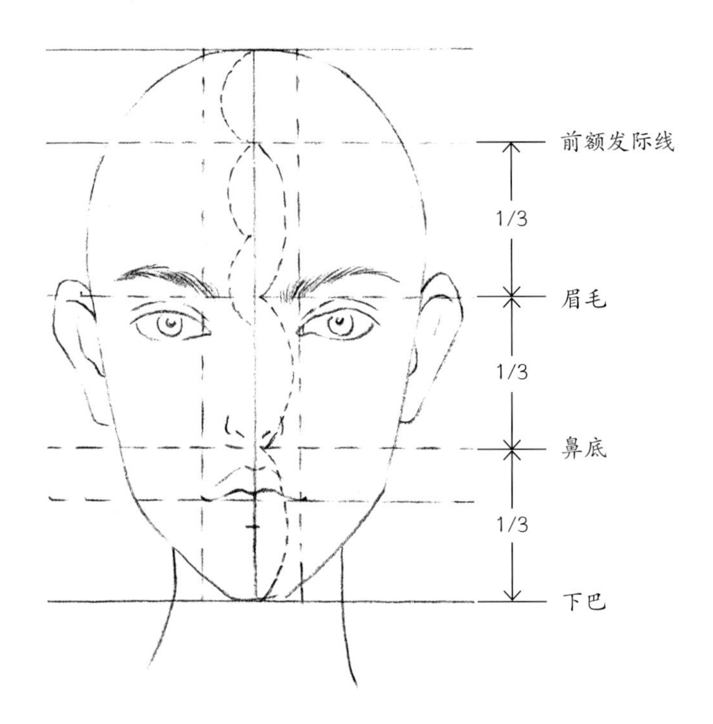

2.2 五官描绘的要点

五官描绘要干净、细致，黑白对比要强，如眼睛、嘴等部位应体现出深色。眼睛的上眼线应黑而粗，眼珠与瞳孔要明确；鼻子的描绘重点在于鼻尖的刻画，鼻尖下端着深灰色，以显示阴影效果，鼻梁两侧则以线表示为宜；画嘴时，上唇应比下唇略深，着色要均匀，掌握好深浅过渡；眉毛应以由内向外的三分之二处作为转折点，按生长方向一根根画出眉毛；耳朵由弧线组成，要画准结构。画五官时要多考虑妆容效果。

2.3 眼睛手绘

2.3.1 眼睛的结构

眼睛主要由眼珠、眼白、瞳孔、睫毛、眼睑等部位组成。

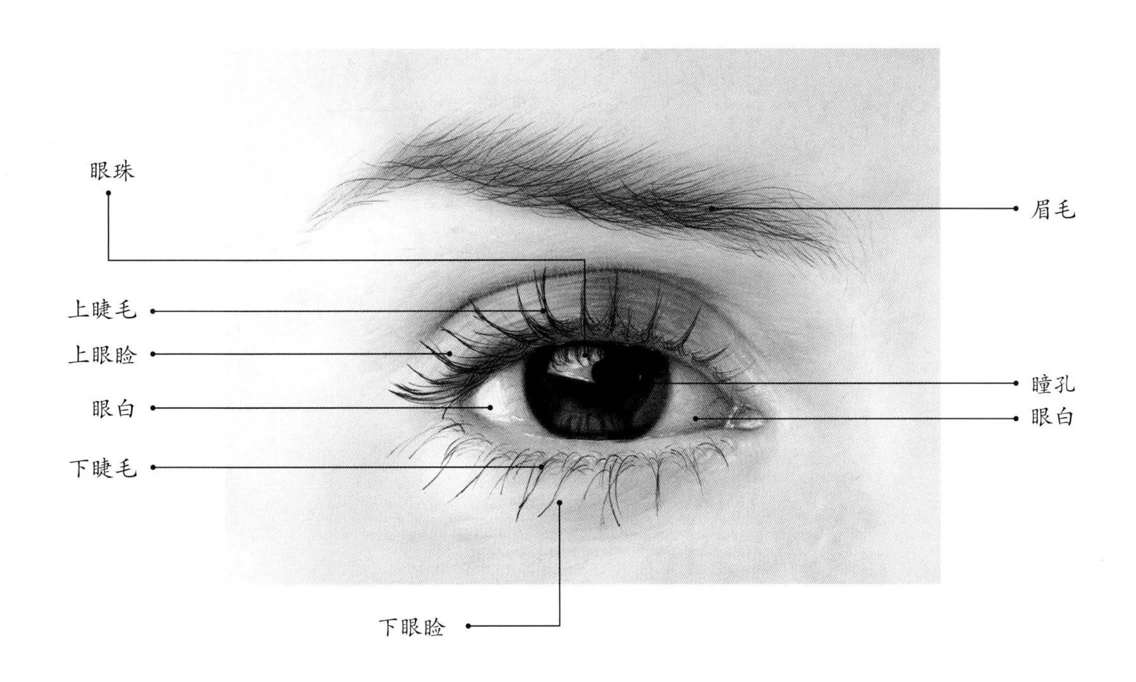

2.3.2 眼睛的画法

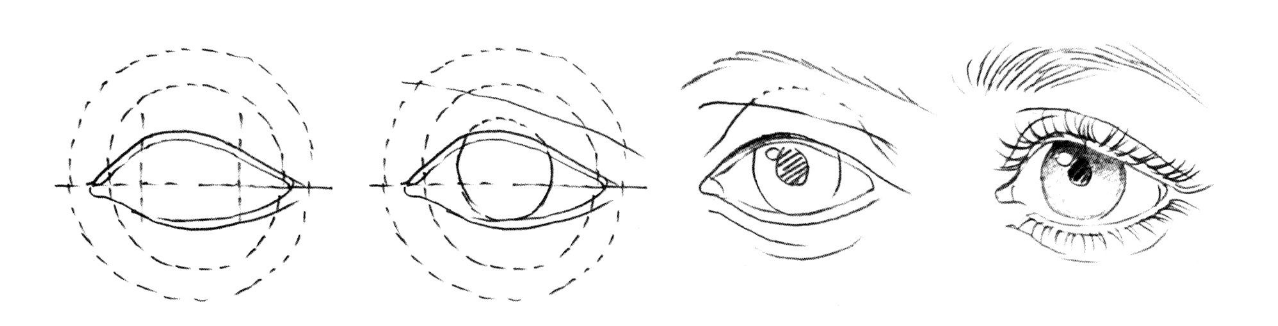

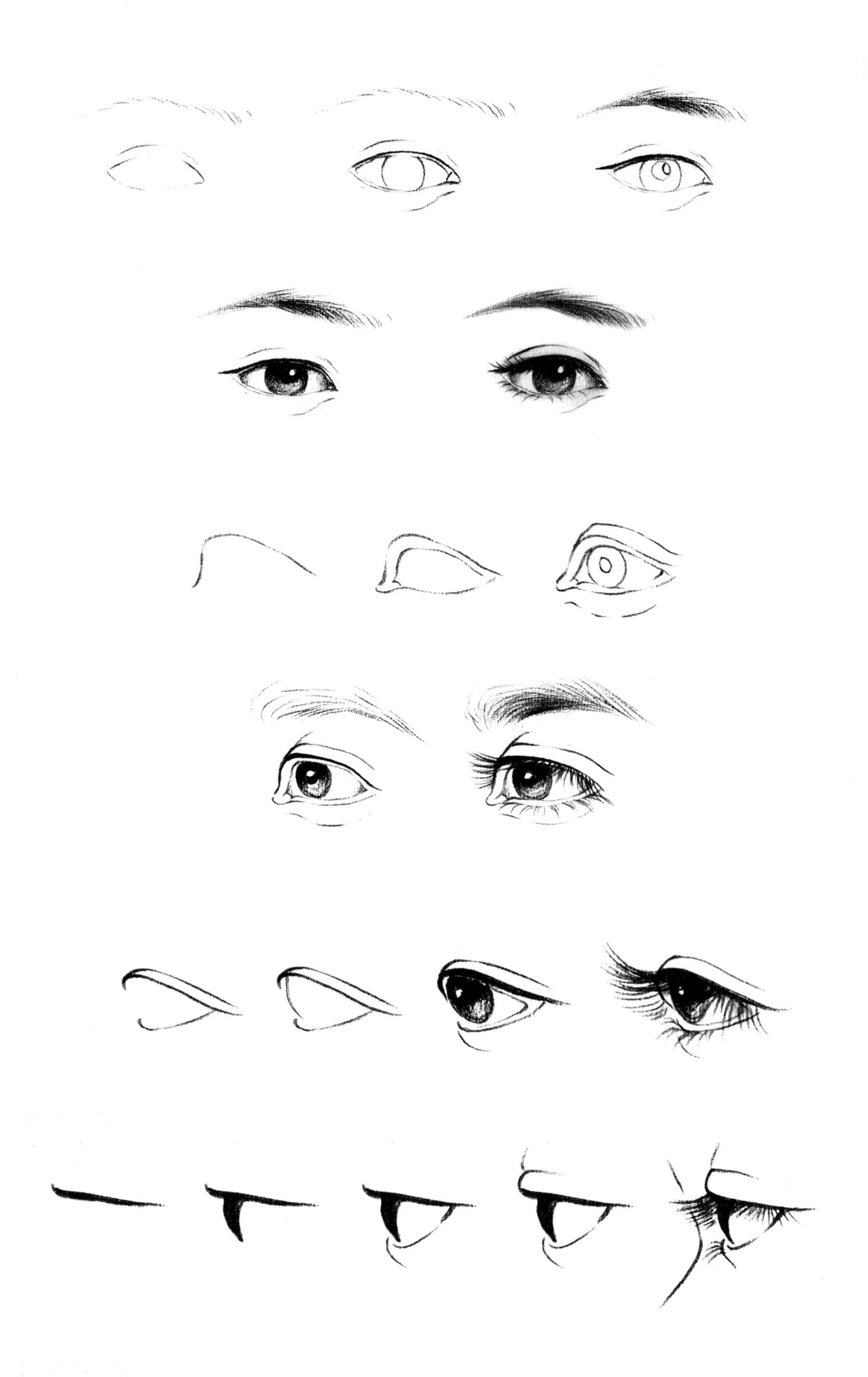

2.3.3 眼睛的完成图

2.4 眉毛手绘

2.4.1 眉毛的结构

眉毛由眉头、眉腰、眉峰、眉尾四部分组成。其中眉头、眉尾位置的色调要虚，眉腰、眉峰位置的色调要实。

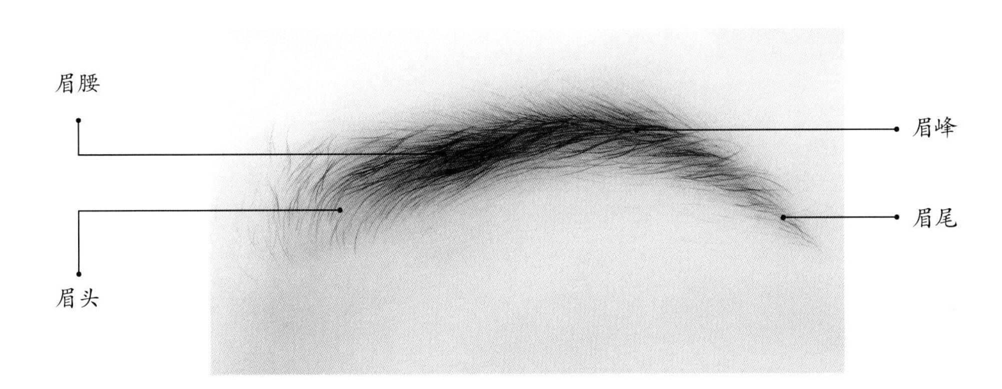

2.4.2 眉毛的质感

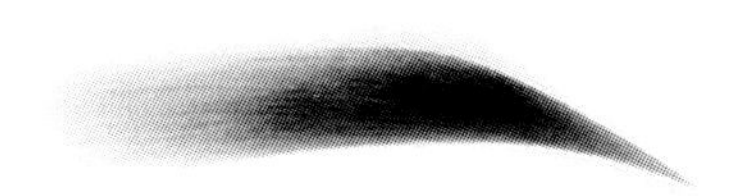

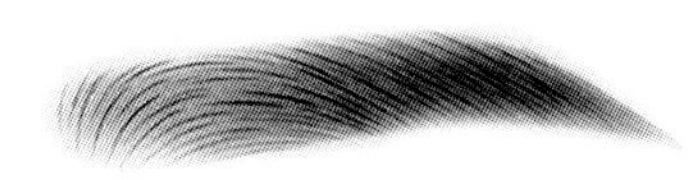

雾眉

雾眉是由基本的黑白灰调子组成的。

线条眉

线条眉是由按照生长方向排列的线条组成的。

线雾眉

线雾眉是一种综合眉，结合了雾眉与线条眉的特点。

2.4.3 各种眉形

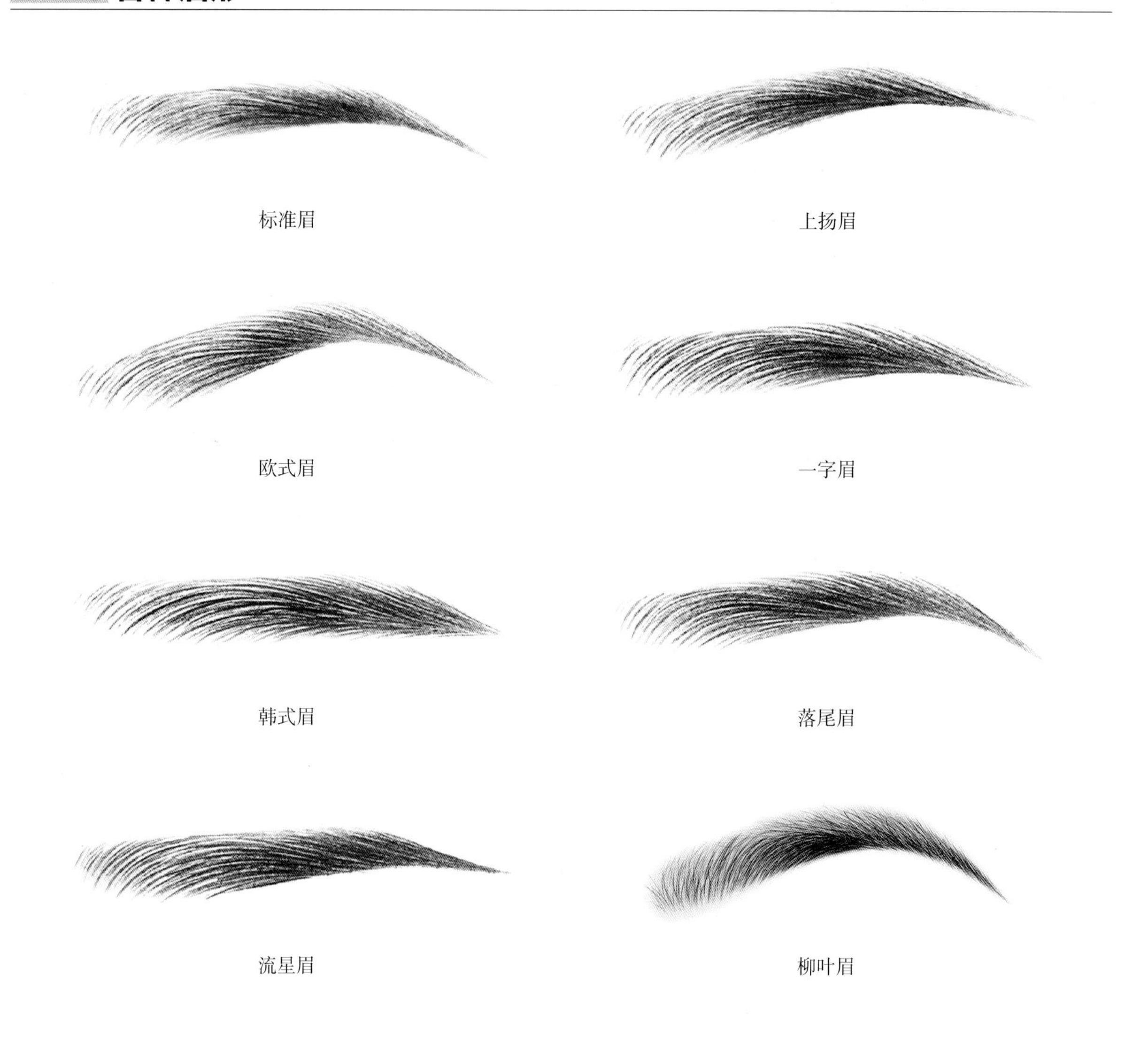

2.4.4 眉毛的画法

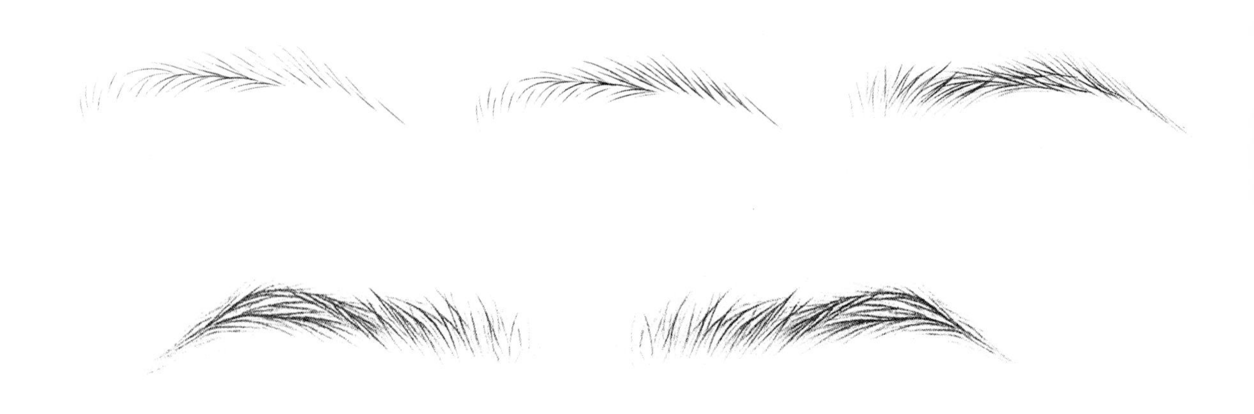

2.5 鼻子手绘

2.5.1 鼻子的结构

鼻子主要由鼻根、鼻背、鼻头、鼻翼、鼻中隔和鼻孔组成。绘制鼻子时要注意其立体结构。

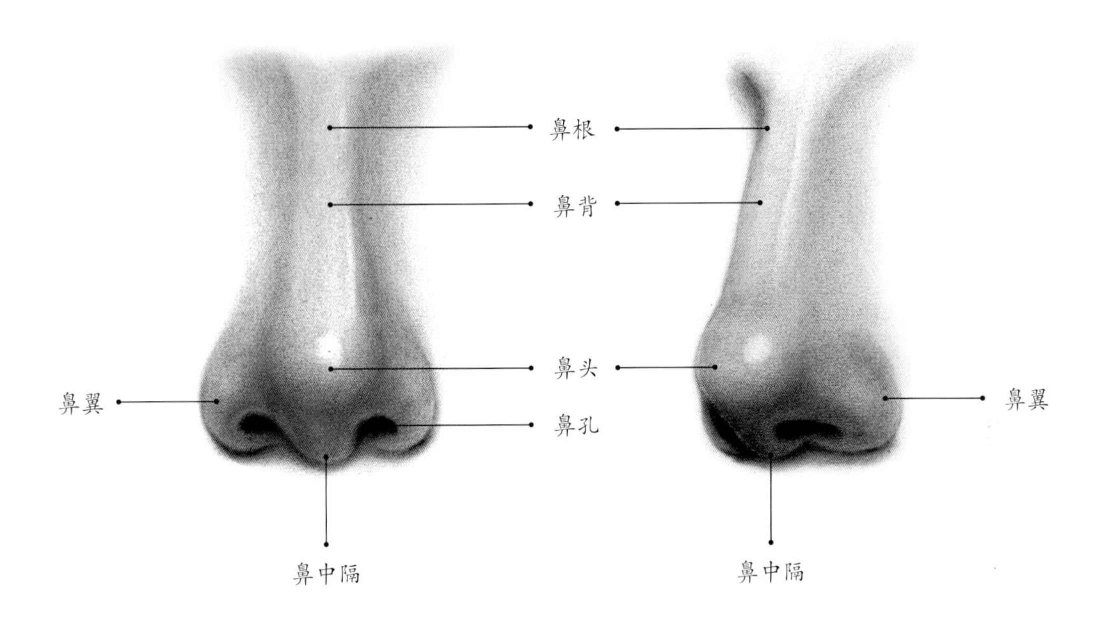

2.5.2 鼻子的画法

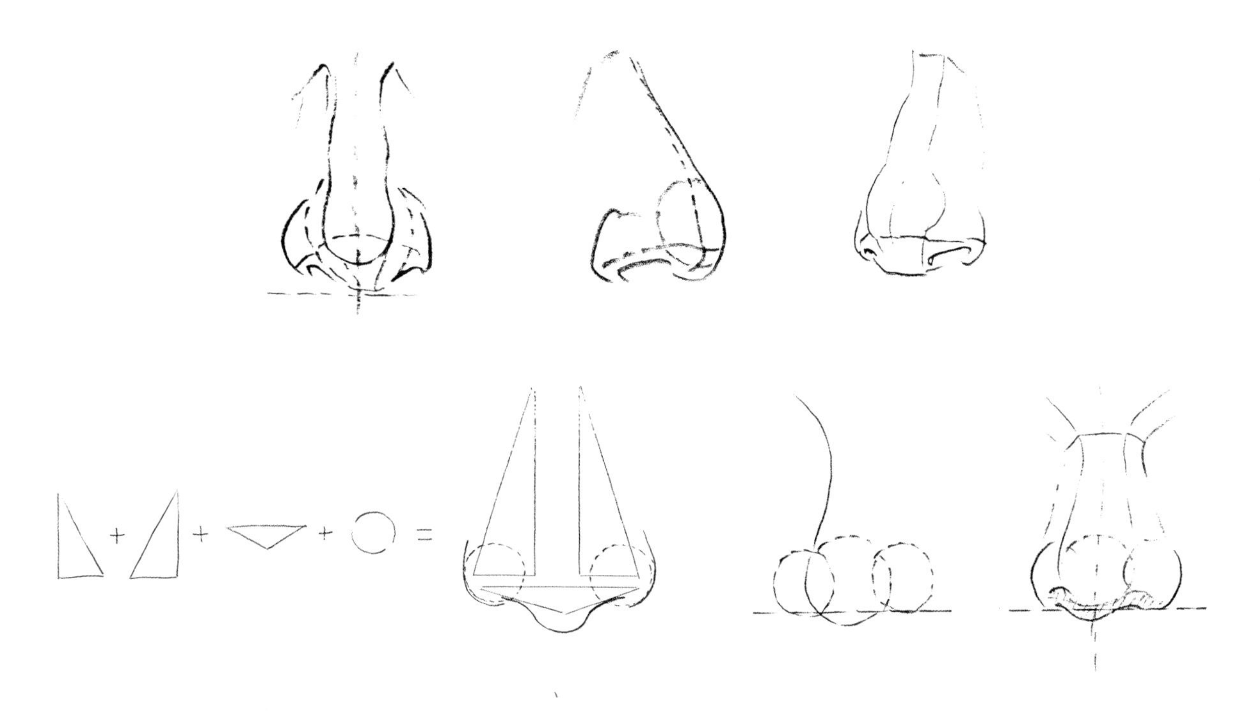

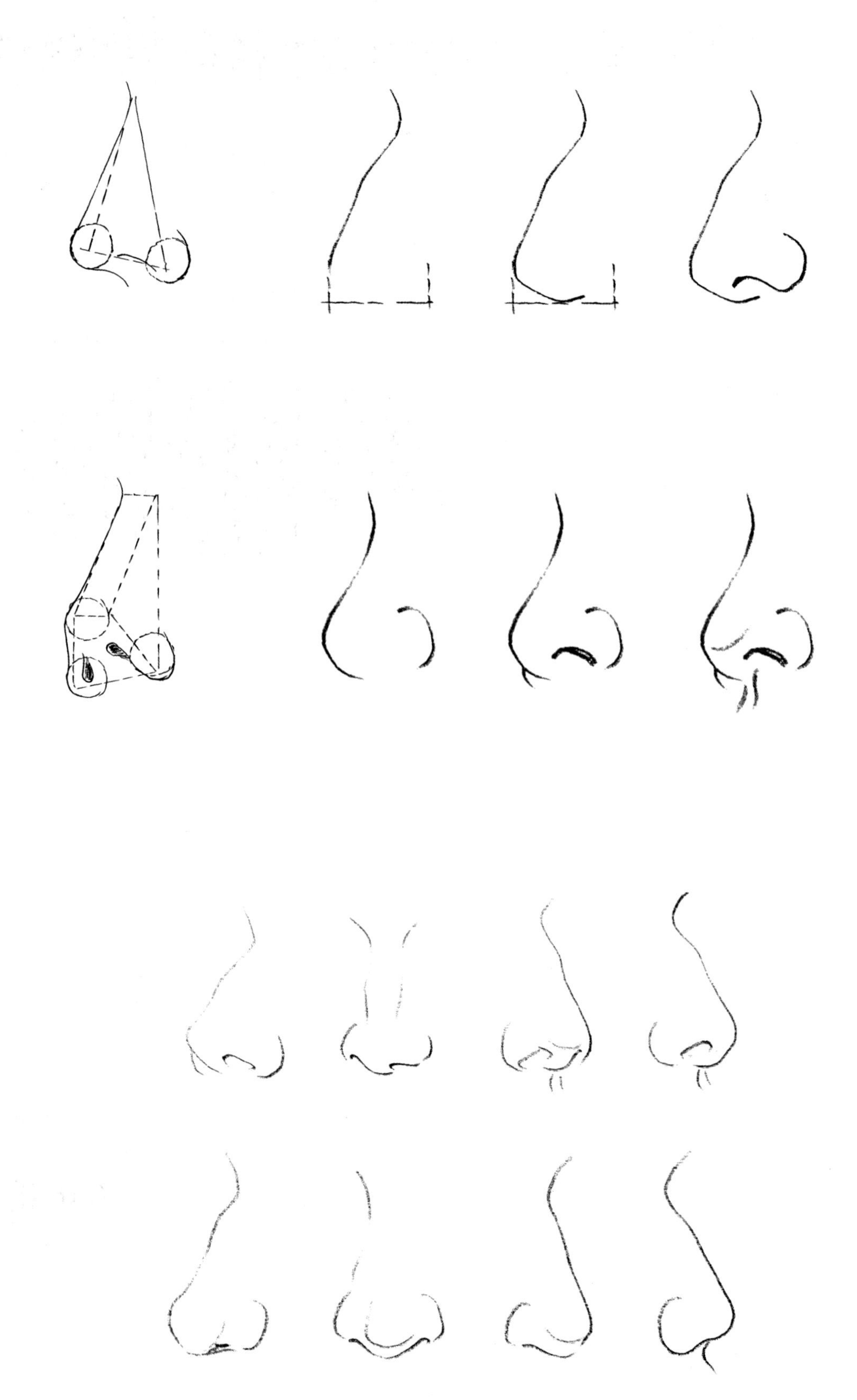

2.6 嘴唇手绘

2.6.1 唇部的结构

唇部主要由唇峰、唇珠、唇谷、唇角、唇缝及上下唇弓线组成。

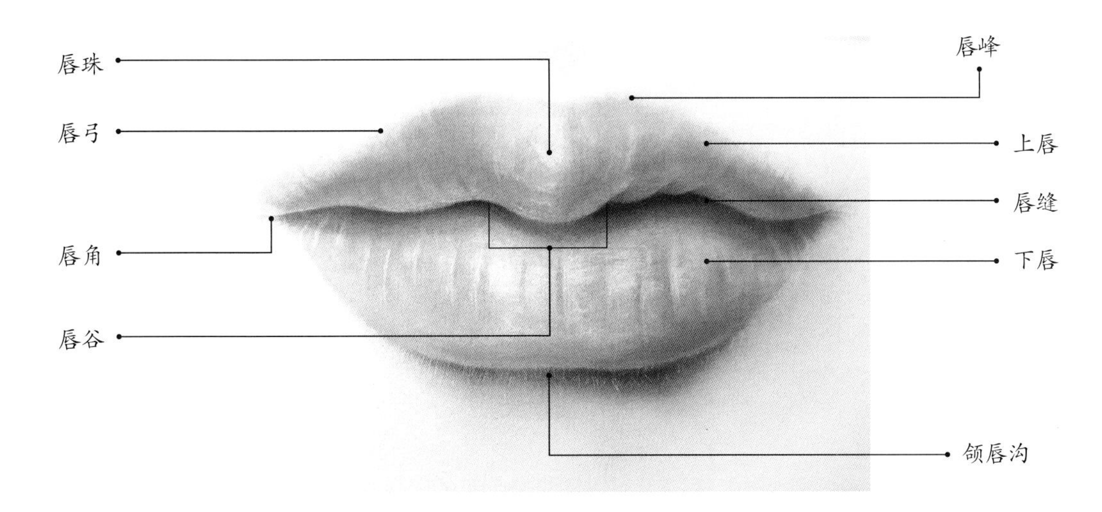

2.6.2 唇部的画法

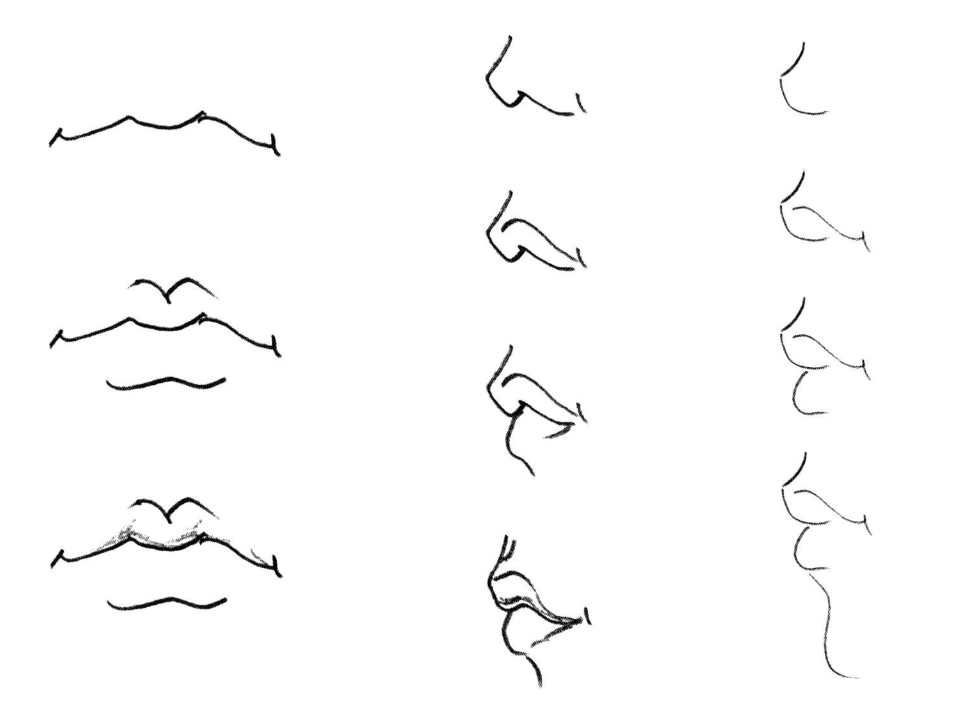

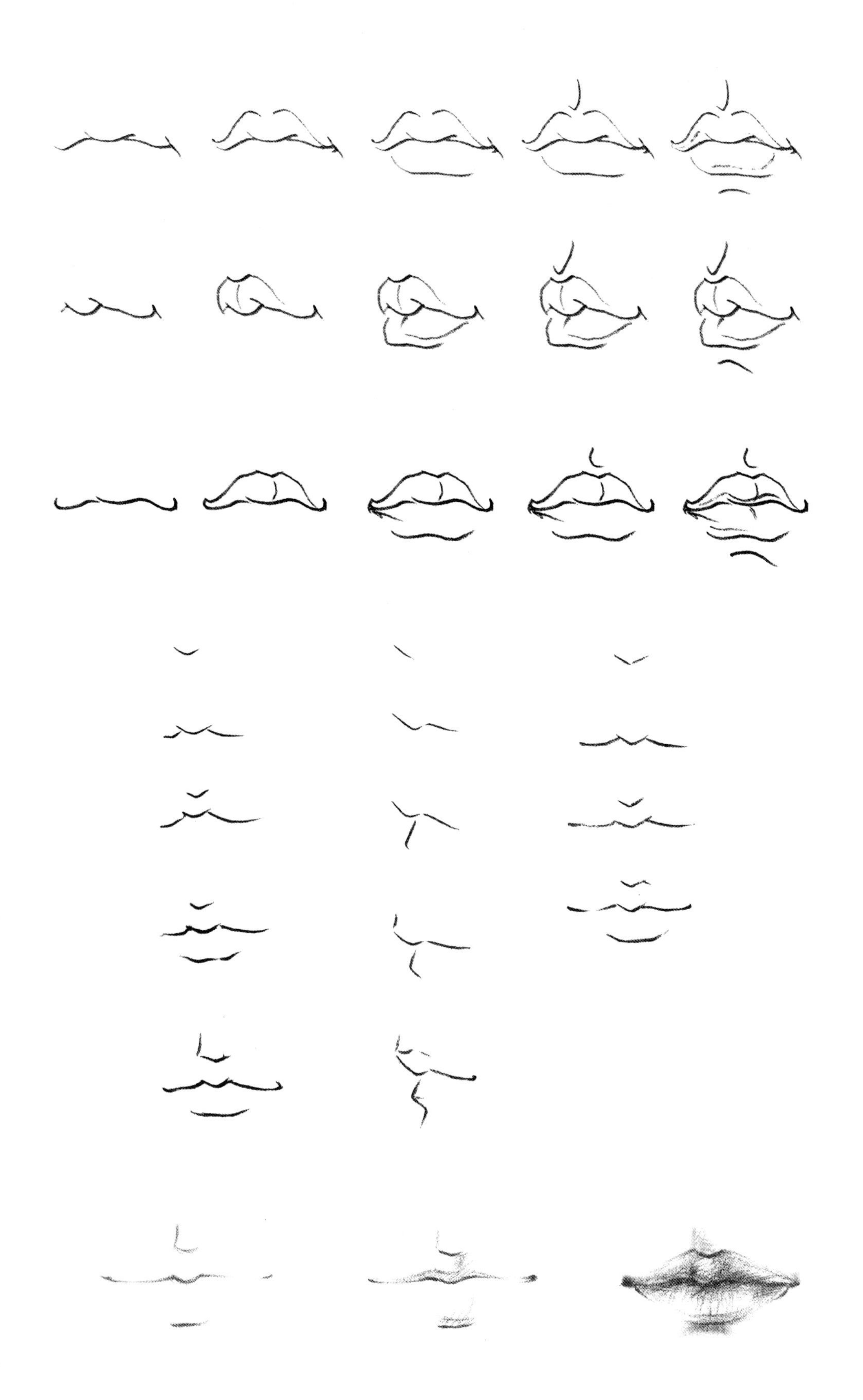

2.7 不同角度的面部表现

2.7.1 女性

一、正面正视

正面脸的轮廓要尽量画成鸭蛋形，下巴应画得稍尖细。同时要明确眼、鼻、口等部位所处的位置，注意以中轴线左右对称。做好眼神的处理。

二、正面仰视

与正视图相比，仰视图同为正面，但随着视角的改变，眼、鼻、口的形状会发生变化，上庭变短，下庭变长。

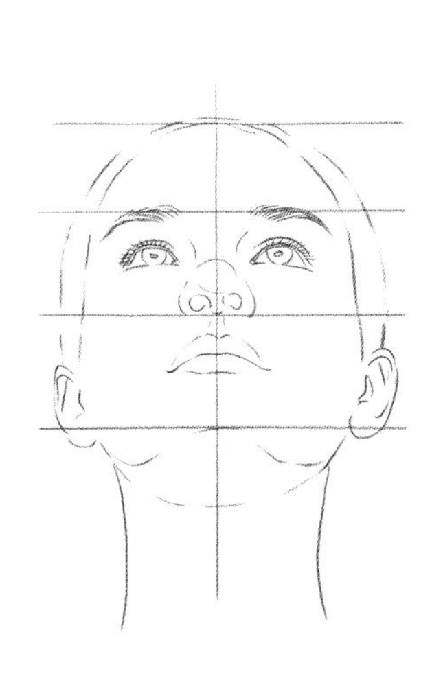

三、正面俯视

俯视图所见头颅面积加大，从发际线到下巴的三庭长度依次缩短，上眼皮突出。

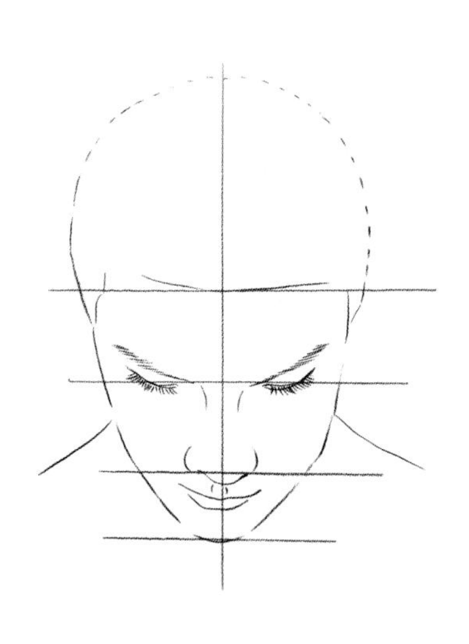

四、斜侧面

从脸部中心左右分开，两边面积不同。比较常见的是以 4 ： 6 的比例表现斜侧面，可以呈现出最美的姿态；还有 3 ： 7 和 2 ： 8 等比例。尽管脸部的朝向不同，但始终都是以鼻子作为中轴线来表现。一般斜侧面外部轮廓表现得最突出的部位不是颧骨，而是眉骨。

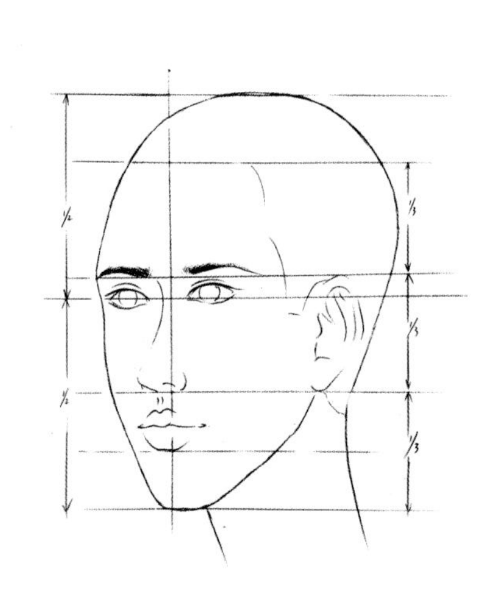

五、正侧面

绘制正侧面的脸部轮廓应着重表现额头至眉弓、鼻梁、鼻头、唇珠和下巴的线条，该线条有起伏变化且连贯。

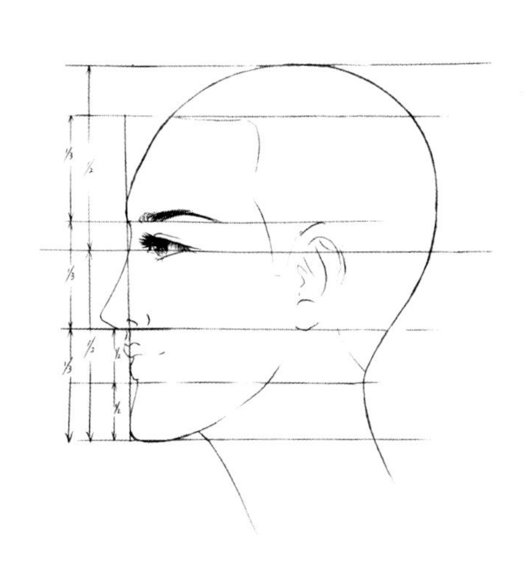

六、正侧面仰视

绘制正侧面仰视图时，应通过脸部轮廓及眼、鼻、口的形状表现出自下而上观察的姿态。眼睛变小，鼻子变短，鼻孔变大。

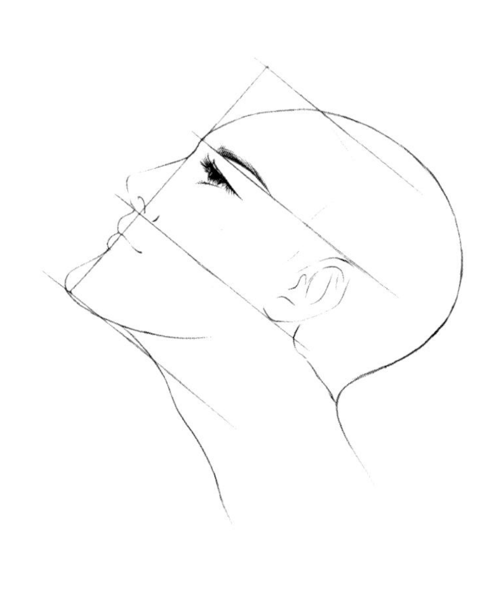

七、正侧面俯视

绘制正侧面俯视图时，注意脸部看起来较小，头发所占的面积增大。

2.7.2 男性

一、正面

男性脸部的比例与女性没有太大的区别，不同之处主要是脖子要粗一点，下颚要宽一点。正面的脸部要画得对称，眉毛要画得粗一些，使其具有男性特点。

二、斜侧面

与女士斜侧面相比，男士斜侧面的轮廓应更鲜明，以表现其立体感。除了遵循三庭五眼的比例关系外，也要遵循脸部左右两边骨点连线与双眼连线平行的关系。

三、正侧面

比起正面，正侧面呈现的头发面积更大。下颚不要比眉骨突出，下唇不要比上唇突出。

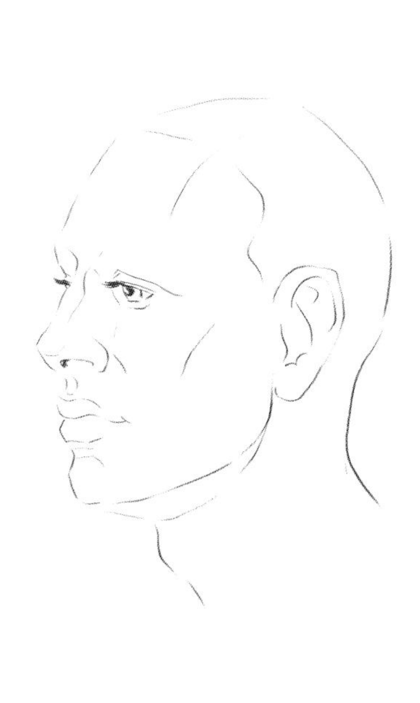

2.8 面部练习示范

第3章

发型的基本表现方法

3.1 头发的纹理质感表现

发型设计三要素为外形、纹理、颜色。外形即发型轮廓；纹理即发型层次、质感及表面特征；颜色即发色。这三要素即创造发型整体视觉效果的重要因素。

发型纹理分为静止纹理、活动纹理、混合纹理三大类型。发型的层次、质感、表面特征有光滑、柔顺、凌乱、粗糙几种类型。

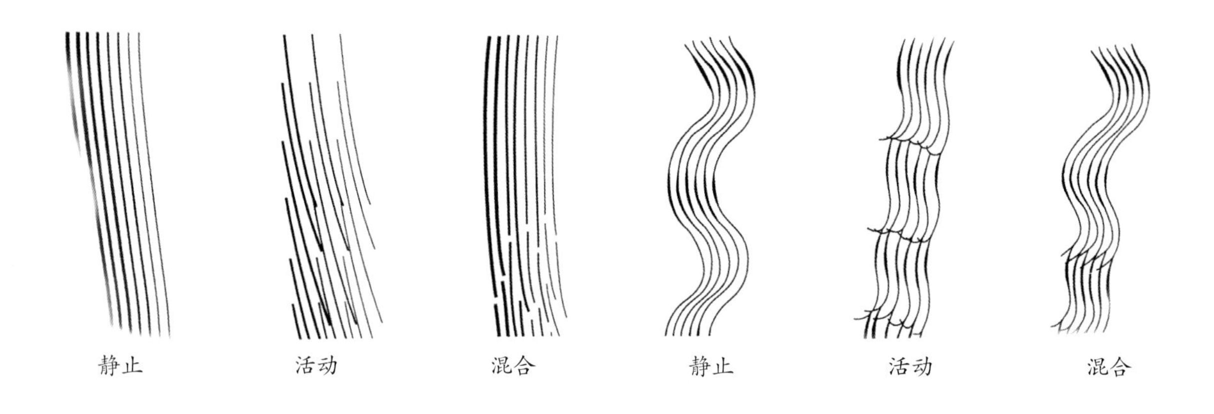

3.1.1 光滑纹理

表面光滑的发型可以是直发，也可以是曲发。纹理光滑的发型表层无杂乱走势，光泽自然，整体呈静止状态。

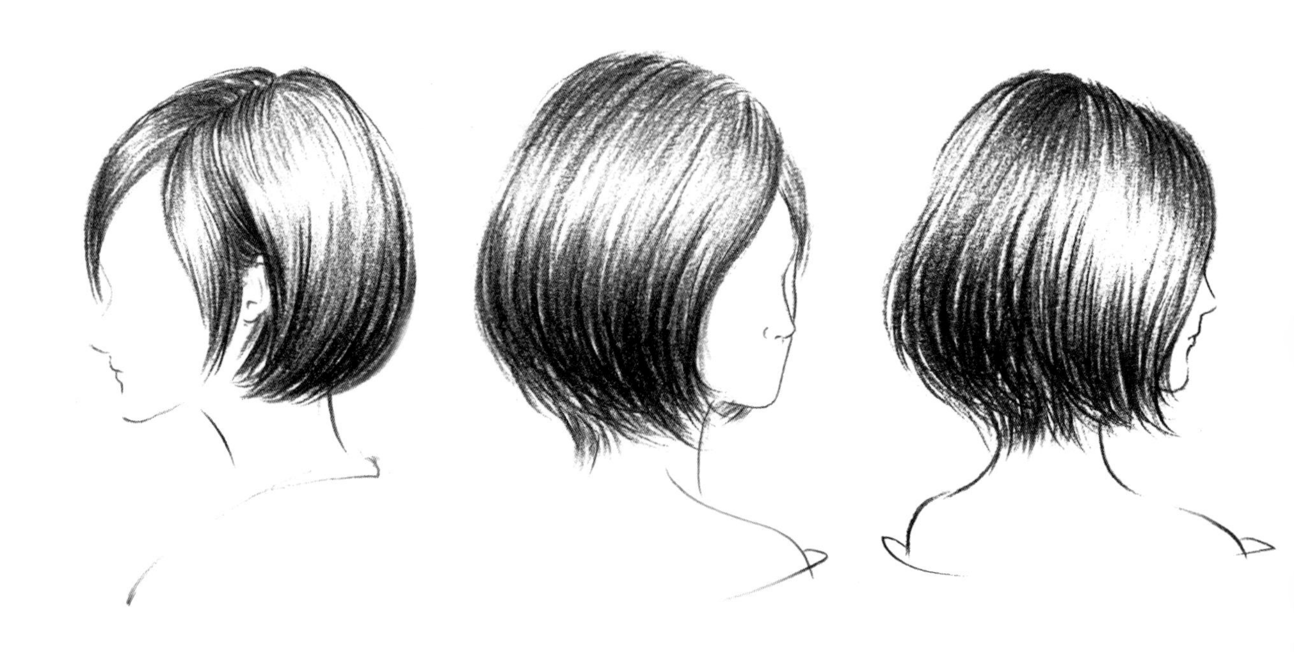

3.1.2 凌乱纹理

凌乱纹理即发型表层纹理蓬松、杂乱，走势较多，略显粗糙，整体视觉效果呈动感状态。

3.2 局部纹理表现

发型局部纹理的表现以线条为主，从结构出发，需要将发型的形体转折、动感变化和质感用概括简练的线条表现出来。单线条简洁方便，适合快速而准确地表现发型局部纹理。

3.2.1 发际线

头发的生长方向是从头顶开始向四周放射的。在观察头发的走向时，要注意头发的生长方向和梳理方向。可以把人的头骨比作西瓜，头发的生长规律和西瓜的纹理类似。通过观察西瓜的纹理，我们可以想象头顶头发的走向。西瓜的纹理从顶部开始呈放射状向下延伸，中间的纹理较直，越靠近两边纹理弧度越大。在自然梳理的状态下，头顶部位的头发走向与西瓜纹理类似；在有分界线的状态下，头顶部位的头发走向则与梳理方向一致。

发际线的绘制应柔和、细腻、干净，笔触应自然流畅，随生长方向及梳理方向排线。

3.2.2 发尾

表现发尾的纹理走向时，注意不同方向、角度、层次的发尾有不同的动势。准确利用线条的排列，掌握好线条的卷曲程度、虚实变化，即能表现其状态。

表现发尾时应方向明确，纹理清晰，层次丰富，提笔干净。

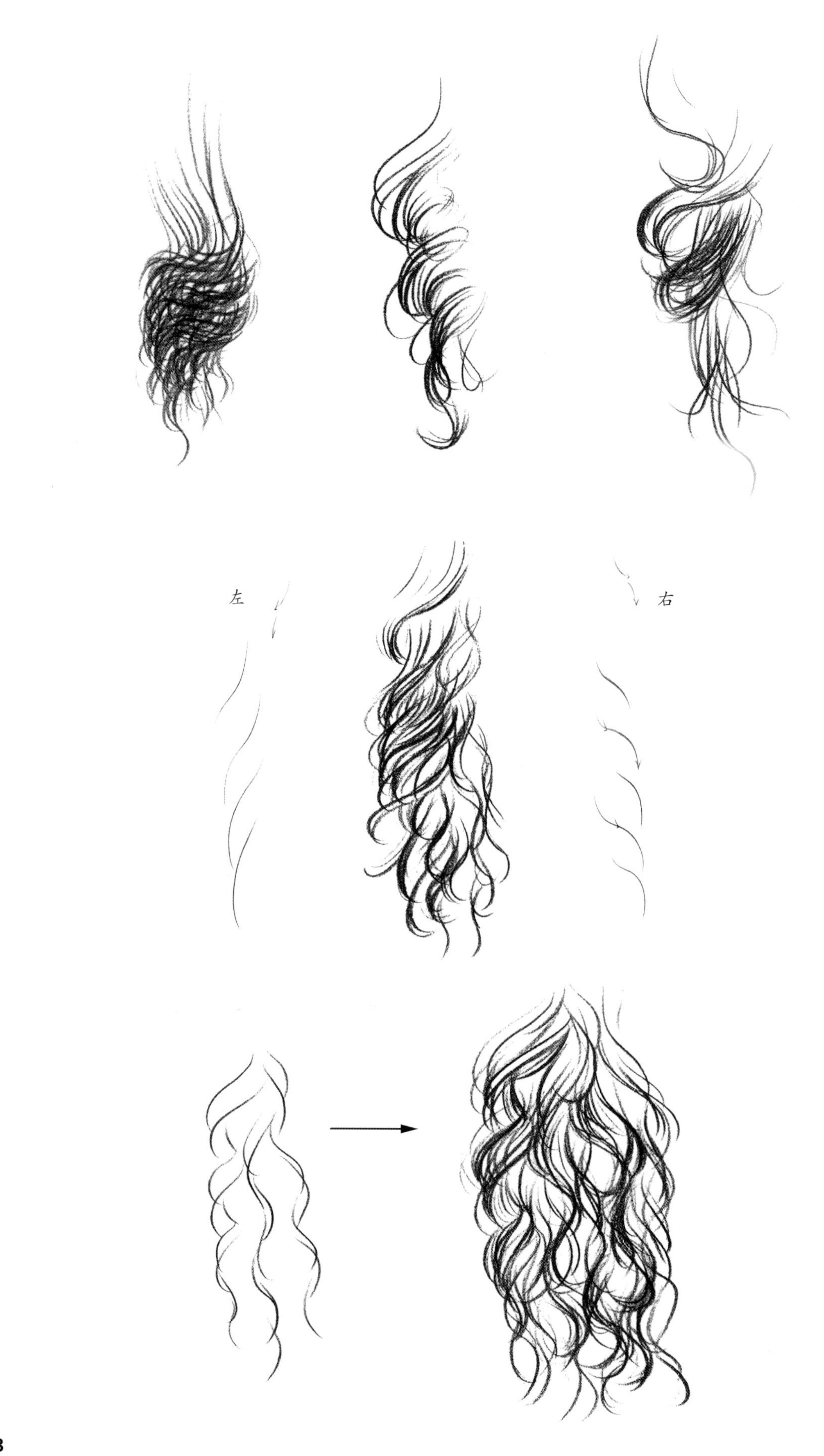
左
右

3.3 刘海的样式

刘海的变化影响着发型的款式及风格。刘海可以归纳为以下几种。

空气式齐刘海

绘制空气式齐刘海时，主要应体现固体型的重量感及轻薄的厚度，线条不宜排列太多，调子以稀疏的灰色调为主。

日式空气短刘海

日式空气短刘海主要通过透气、稀疏的线条表现即可。

长曲斜刘海

长曲斜刘海能体现女性优雅、妩媚、温婉、柔美的一面，绘制时，主线条尽量一气呵成。长曲斜刘海通常以斜侧分为主，发尾柔和，发际线干净，线条应细、轻、流畅。

外翻大刘海

外翻大刘海具有高贵、优雅、华丽一面。外翻大刘海通常由 C 形、S 形短线分段组合而成，绘制的关键在于 S 形线条的分段衔接与所呈现的立体面。要保持线条的柔软性，注意疏密度。

短斜式刘海

短斜式刘海通常以三七分、四六分体现，绘制时注意分界两端线条长度要一致。

直斜式刘海

直斜式刘海能够体现女性文静的气质，线条按照梳理方向紧密排列即可。

纹理化碎刘海

纹理化碎刘海多用于女士短发或男士发型中，表现该纹理主要以短 C 形线条排列。

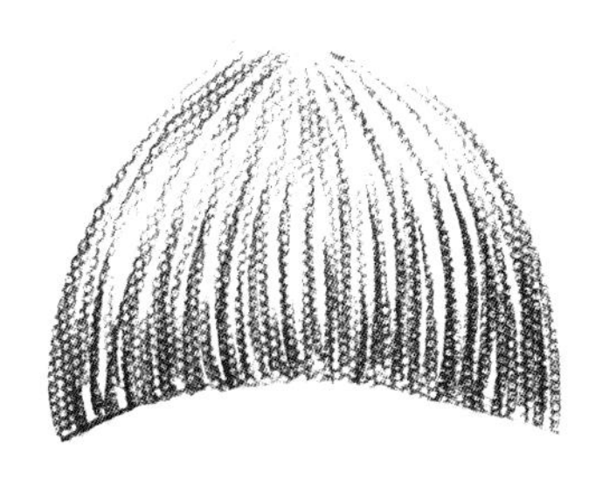

弧形齐刘海

弧形齐刘海的重量堆积一定要具体，调子主要表现在发尾，线条排列要紧凑。

高刘海

绘制高刘海应主要刻画发际线处头发的梳理方向及生长方向。线条前端干净轻柔，明暗调子集中于拱形凹面。发尾的释放要体现修剪层次。

卷曲斜刘海

绘制卷曲斜刘海时，需注意刻画出尾部的空气感和自然的碎纹理。线条应以较长的 C 形线条为主。

3.4 直发型

绘制直发型需要用一根根直线表现头发的走向，垂直线有利于表达严肃、高贵、文静之感，斜直线则会形成有力的动势。可以有多种方向的造型动势。直发型表现以头部曲线结构为前提，需要严格遵循头发的梳理方向和生长方向。通常直发型的质感以光滑、垂顺、飘逸为主。

3.5 波浪式发型

绘制波浪式发型时，必须表现出头发的曲线美，要注意曲线不同的形态和层次，并且注意发尾、发际线的表现，用笔要轻松。曲线与直线相比具有迂回性和自由、活泼的特点。

波浪可分为具有强烈的动感和节奏感的大波，以及麦波稻浪般的微波。波浪式发型能够体现优雅、柔和的女性特征，会产生轻盈的感觉。

螺纹卷

水波纹卷

横卷

竖卷

3.6 卷曲发型

卷曲发型多采用O形、S形、C形的大卷。其中O形曲线有较强的向心力和运动感，给人以完美、高贵的感觉。S形曲线则随着不同的方向旋转，形成的发缕蜿蜒不断，具有流动感和间接、含蓄的特点，给人以秀丽、柔美、活泼、神秘的感觉，最适合表现女性温柔妩媚的特点。C形曲线具有直观、简洁的特点，给人以华丽、柔软的感觉。不同类型的线能够表现不同类型的卷曲发束的纹理，掌握其画法便能灵活绘制各种卷发造型。卷曲发型与前面讲的波浪式发型的卷曲形式有相似之处，不同之处在于卷曲发型的卷曲程度更大，弹性更大。

卷曲发型既可在视觉上增加发量，又可在外形上增强时尚表现力，是发型设计中一种亮眼的设计方案。

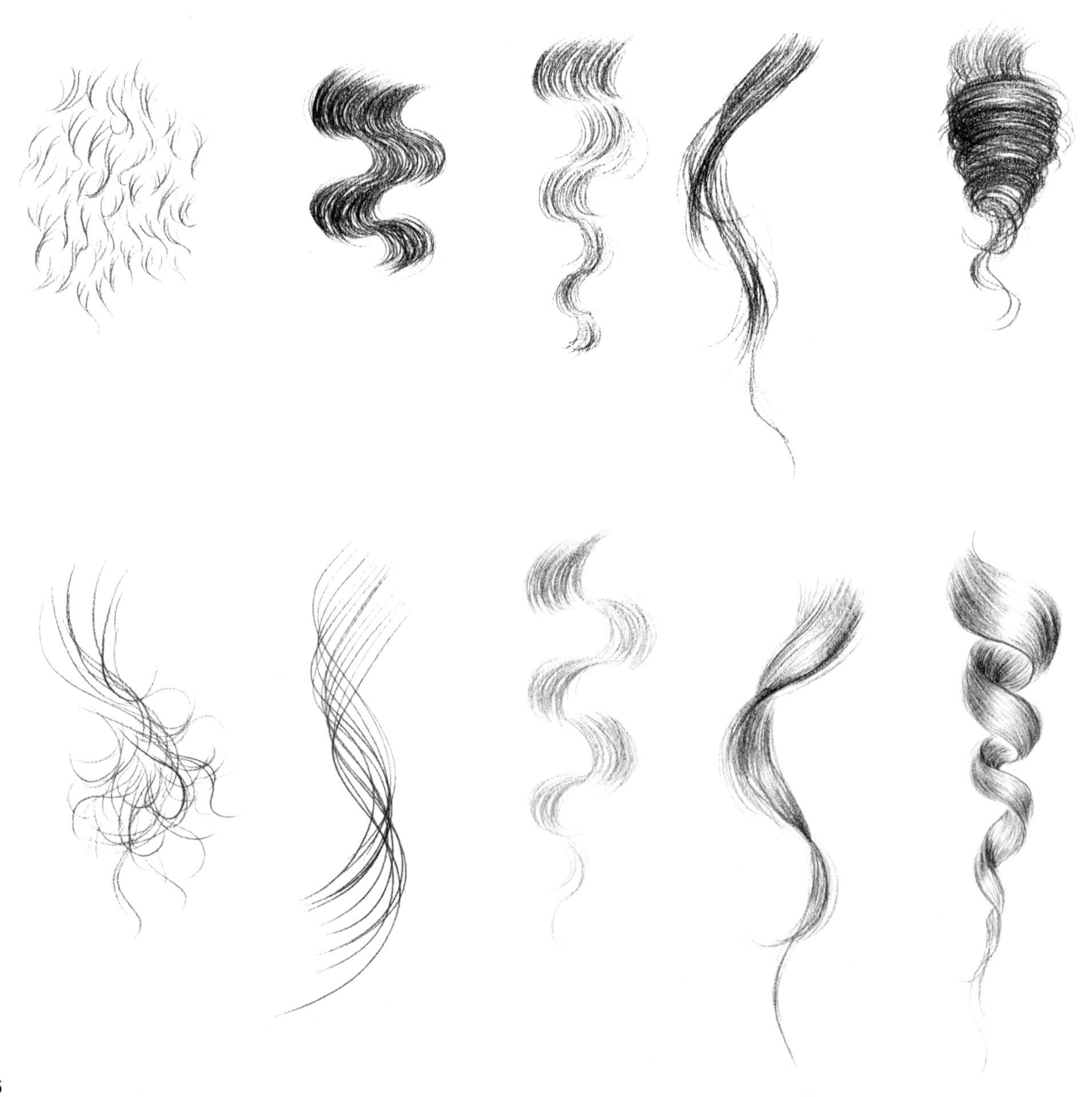

3.7 盘发、扎发发型

盘发、扎发发型主要是将头发束于头上，固定位置可高可低，通常会给人高贵、典雅、含蓄的感觉。绘制时特别要注意发际线处的画法。发丝的走向从不同的角度看会有所不同。对于有细微变化的发丝，要一根一根地依次刻画，逐渐加深头发的色度，确定整体轮廓，凸显其立体感、空间感、重量感。

编发是一种特殊的扎发样式，是将头发分成若干发束交叉缠绕而成的造型，十分常见。不同的编发形式有不一样的纹理，与其他发型搭配时，往往能成为较强的视觉焦点。生活中常见的编发形式主要有三股辫、四股辫、鱼骨辫和三股加辫等。

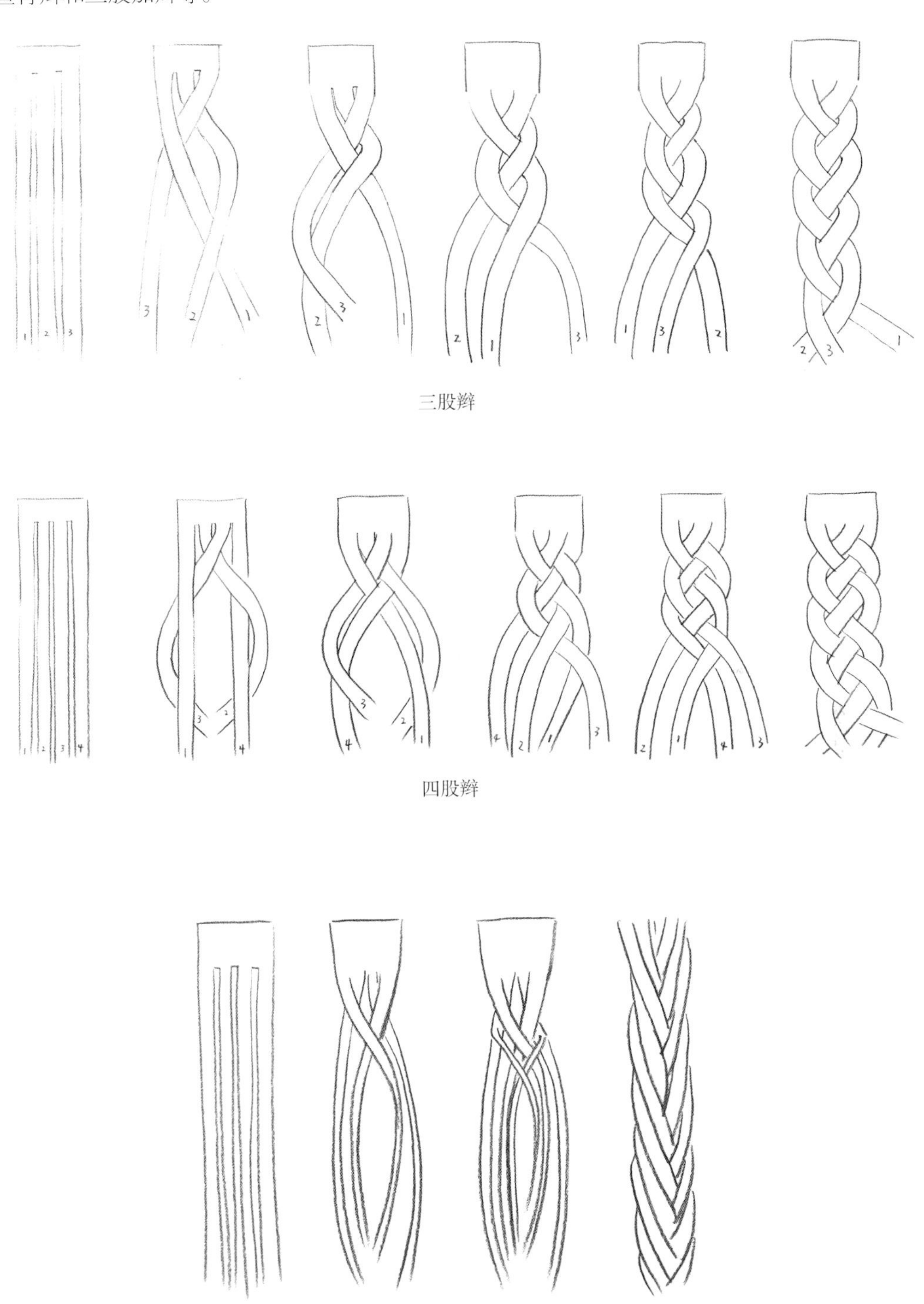

三股辫

四股辫

鱼骨辫

正三股双加辫

反三股双加辫

3.8 脸形与发型设计

一款发型的好坏不仅在于是否符合时尚潮流，而且在于是否适合被设计者。脸形是选择发型的重要依据，合适的发型能够修饰脸形，提升气质。下面将展示几种脸形所适合的发型。

倒三角形脸形

倒三角形脸形适合选择侧分的不对称发式，露出饱满的前额，发梢处可略微凌乱一些，这样能将年轻女性纯情、甜美、可爱的特点表现出来。

椭圆形脸形

椭圆形脸形适合很多种发型，无论头发长短，都可以利用发型突出颧骨、嘴唇或下巴的优点。

菱形脸形

整个脸形的上半部为正三角形，下半部为倒三角形。用发型矫正这种脸形时，一般将额上部的头发拉宽，将额下部的头发逐步紧缩，靠近颧骨处可设计一种大弯形的卷发或波浪式的发束，以遮盖其颧骨凸出的缺点。

圆脸形

圆脸形应增加发顶的高度，使脸形稍稍拉长，给人以协调、自然的美感。要避免面颊两侧的头发隆起，否则会使颧骨部位显得更宽。

长脸形

长脸形的脸部较长，用齐刘海来修饰最好不过。削薄的长齐刘海可使脸形的长度缩短，下颚的蓬松发卷可让脸形更加圆润，从而使女孩的整体形象变得清纯可爱。

方脸形

方脸形要尽量避免过于平直或中分的发型，否则会让脸看起来更方。方脸形的发型设计技巧是要让顶部的头发蓬松，这样能让脸显得长一些，并且让脸形更显柔和，减少方脸形的硬朗感。可以选择往一边梳的刘海，这样能让前额变窄。在头发的长度方面，建议最好长过腮部。

第4章

发型设计手绘案例解析

4.1 男士

4.1.1 男士纹理型碎发造型

01 用 2B 铅笔起稿，画出面部轮廓并简单设计出发型纹理。

02 用中性炭笔绘制出面部五官，用软性炭笔从头顶开始绘制头发纹理。

03 用软性炭笔绘制出整款发型的纹理动势与造型轮廓，绘制的时候注意发尾的透气质感以及侧区边沿层次的变化。

04 用纸巾沿着头发走势轻轻揉擦，使其产生雾化效果。

05 将橡皮擦切成等腰三角形，利用其尖角擦绘出清晰的浅色发丝。

06 用中性炭笔整体调整，可根据前一步的擦绘情况酌情添加线条，并绘制边缘处的仿真凌乱纹理。

4.1.2 男士盖头造型

01 用 2B 铅笔起稿，画出面部与发型轮廓。

02 用中性炭笔绘制出面部五官与基本的身体姿态。

03 用软性炭笔绘制出发丝分布走向，不断丰富线条，直至表现出整款发型。

04 在上一步的基础上不断丰富线条，注意保留发尾重量堆积的暗调，然后用纸巾顺着头发走向进行揉擦雾化，最后用橡皮擦的尖角擦出受光的发丝纹理。

05 用中性炭笔整体综合调整。

4.1.3 男士中分纹理烫

01 用 2B 铅笔起稿，简单归纳出造型层次。

02 用中性炭笔绘制出五官和神态。

03 进行刘海部分的刻画，用锋利的软性碳笔精细描绘，注意中分造型中发丝角度的变化和明暗的差异。

04 用软性炭笔勾勒出顶区、侧区、后颈区的基础纹理走势。

05 丰富整款发型的发量，再用纸巾揉擦雾化，尤其要注意顶区边缘处的透气发束的表现。

06 用橡皮擦的尖角擦出活动纹理和凌乱发丝。

07 用硬性炭笔进行表面仿真纹理绘制并整体调整。

4.1.4 男士高层次渐变造型

01 用 2B 铅笔起稿。

02 用中性炭笔绘制眉眼，勾勒发型基本纹理走向。

03 高层次渐变的重点在于侧区、后颈区的发长变化。顶区用软性炭笔绘制出从前往后梳理的纹理，侧区与后颈区绘制出头发由长变短的渐变发桩。

04 不断丰富线条后，用纸巾进行揉擦雾化处理。

05 用橡皮擦的尖角擦出高光纹理，要注意侧区和后颈区的明暗渐变层次。

06 在上一步的基础上酌情补充线条并调整明暗层次。

4.2 女士

4.2.1 女士短发造型

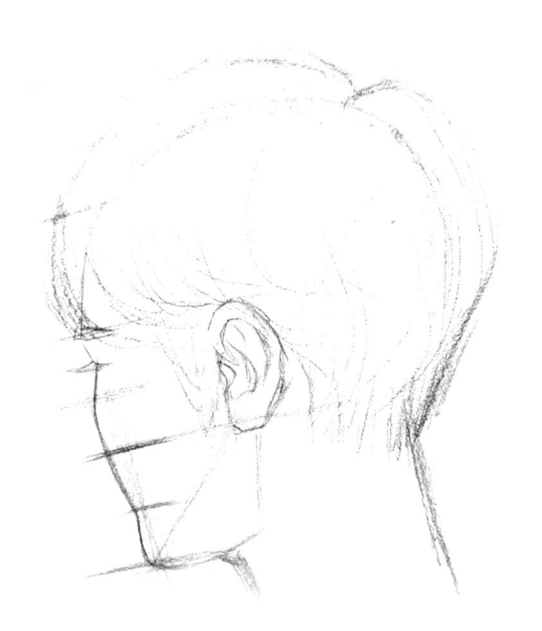

01 用 2B 铅笔起稿，短发造型讲究发根的蓬松度和外形的饱满度，定比例时需特别注意头型的轮廓与发型的长度。

02 擦除起稿辅助线，用中性炭笔勾画出头发的大致方向及发尾动势。

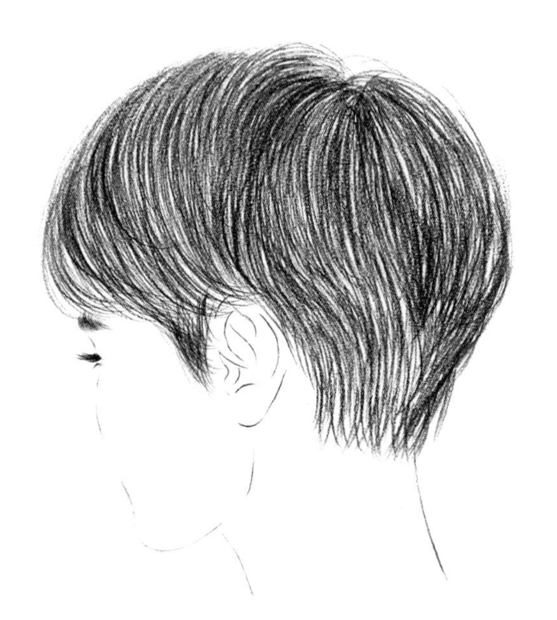

03 用中性炭笔顺着上一步绘制的纹理走向排线，线条尽量紧密、流畅。

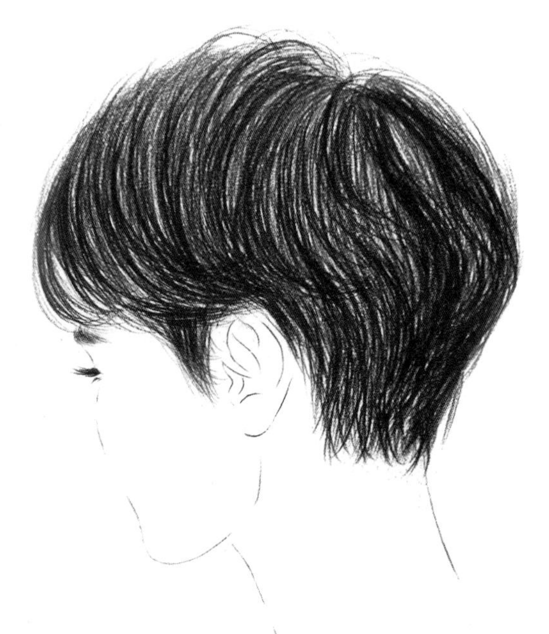

04 用软性炭笔刻画出发型的暗部区域，暗部通常在发束与发束挤压的位置或整个后颈背光区。

05 用纸巾对头发表面纹理进行揉擦雾化处理，填补白色缝隙，丰富整个灰色调。

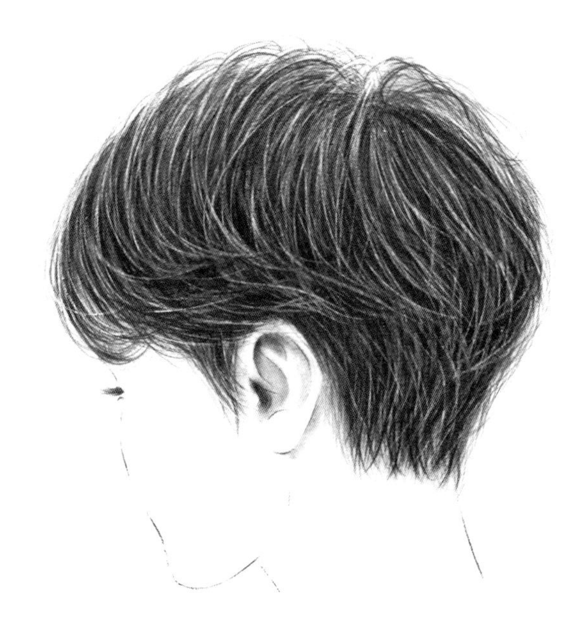

06 用橡皮擦的尖角擦出高光纹理，顺着整体造型结构表现发尾动势。

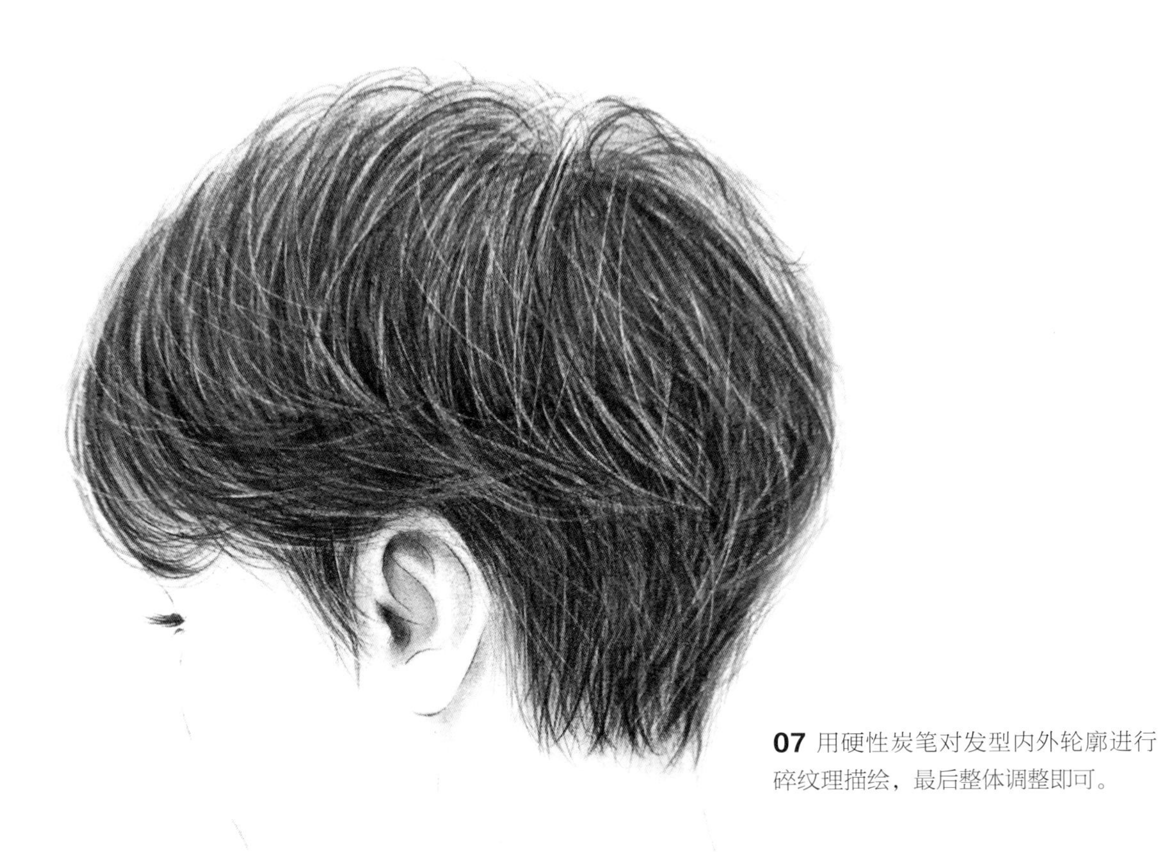

07 用硬性炭笔对发型内外轮廓进行碎纹理描绘，最后整体调整即可。

4.2.2 女士中长发造型

01 用 2B 铅笔起稿，确定发长及造型轮廓，并勾勒出五官及头发纹理。起稿时下笔不宜过重，线条需简约干净。

02 用中性炭笔配合纸擦笔绘制出五官。

03 沿着头发纹理走向排线，注意刘海和鬓角处的线条不宜画得太多、太重。

04 在上一步的基础上不断丰富线条，并做揉擦雾化处理。

05 用橡皮擦的尖角擦出表层凌乱的发丝，增加动感。

06 外轮廓用硬性炭笔绘制仿真纹理，最后对整体发型进行适当的调整。

4.2.3 女士凌乱空气感造型

01 用 2B 铅笔起稿，绘制出面部轮廓、发束的卷曲动态和造型的外观形态。

02 用中性炭笔绘制出五官，注意线条应简约、干净、利索。

03 用软性炭笔绘制左侧的头发，发束动态与纹理变化与起稿一致即可。注意发束之间的空气感留白，可通过减少线量的堆积来表现。

04 用相同的方法画完右边的头发。一般紧贴于脸部或颈部区域的头发需紧密排线，使其呈现出暗面。

05 丰富线条，绘制出凌乱发丝，并进行揉擦雾化处理。

06 进行综合调整。

4.2.4 女士长卷发造型

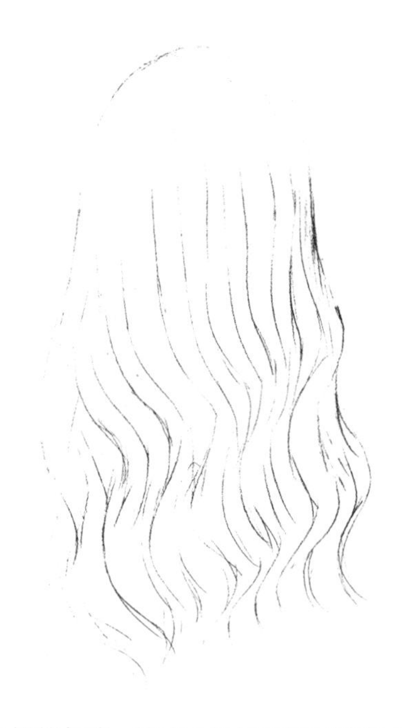

01 用 2B 铅笔起稿，确定头发纹理的基础形态与纹理分布走向。

02 用软性炭笔从头顶流向开始紧密排线，需严格按照上一步的曲线走势排线。

03 根据曲线的起伏疏密相间地排出明暗色调，再用中性炭笔画出两边松散的发缕以及发尾的透光渐变层次。

04 不断丰富线条后，用纸巾顺着头发的流向进行整体揉擦雾化处理。

05 用橡皮擦的尖角在受光面、反光面擦出高光，擦出来的线条应细腻、紧密、流畅。

06 再一次用纸巾进行揉擦雾化处理，并用硬性炭笔勾画出些许凌乱发丝。

07 整体综合调整，适当补充线条，完善整体的明暗关系。

第5章

男士发型设计手绘临摹范本

5.1 光滑纹理

这里的光滑纹理指头发大面积呈工整、干净、顺滑的状态。男士发型的两侧区属于边沿层次，是活动纹理，表现时均以点画法表现，需要呈现长短落差和渐变层次。

5.1.1 油头 / 背头

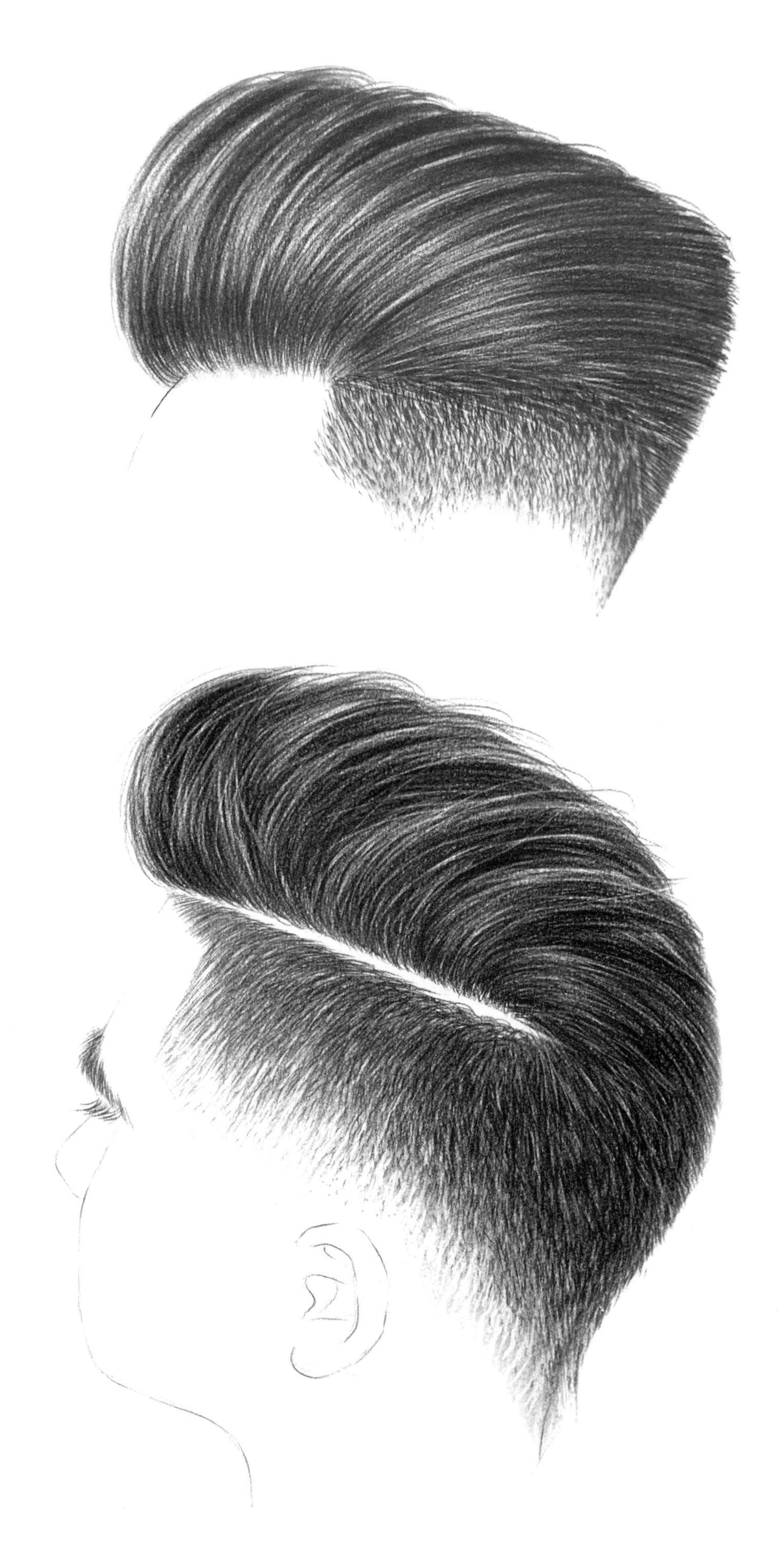

5.1.2 直发 / 直盖头

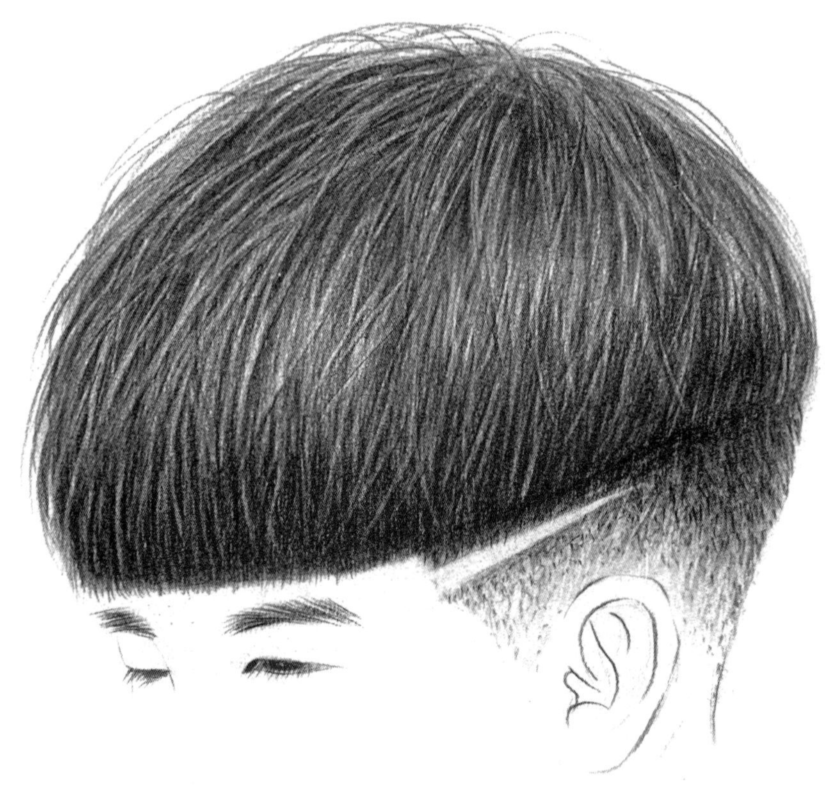

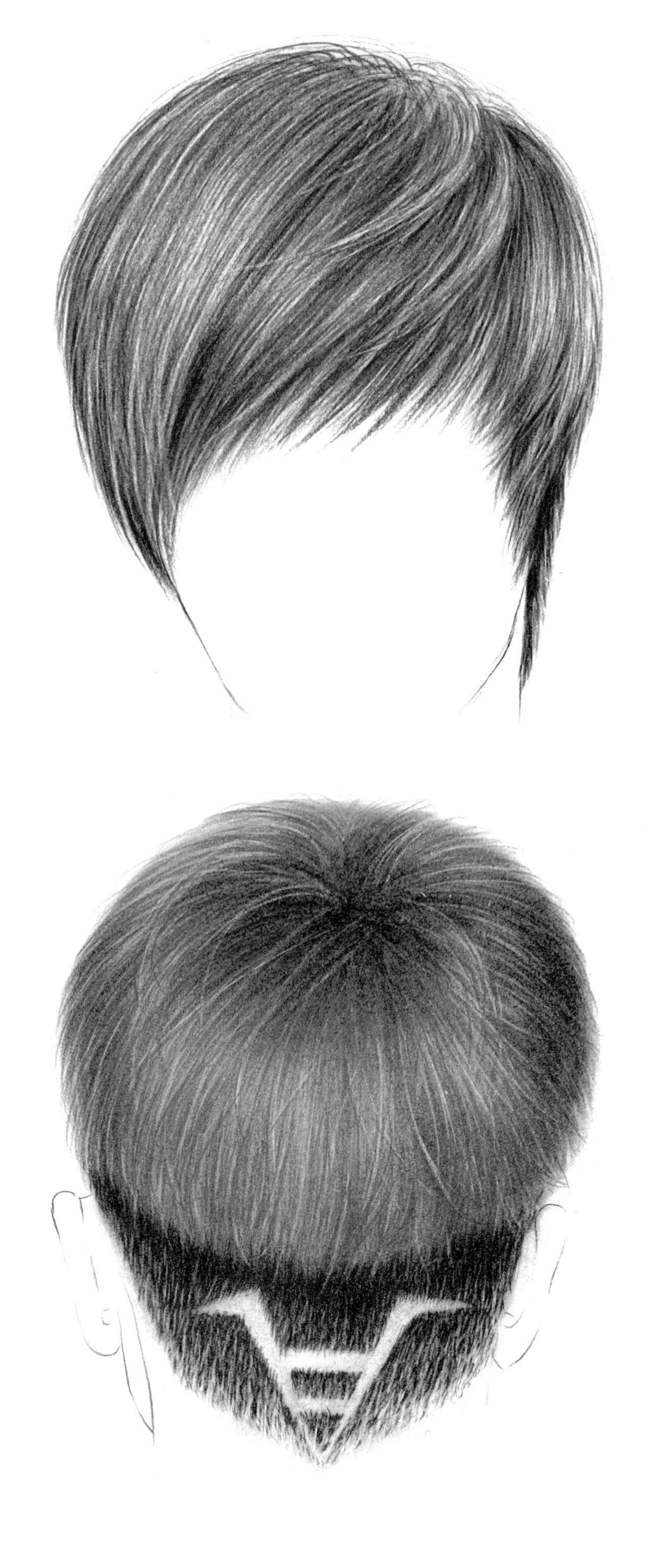

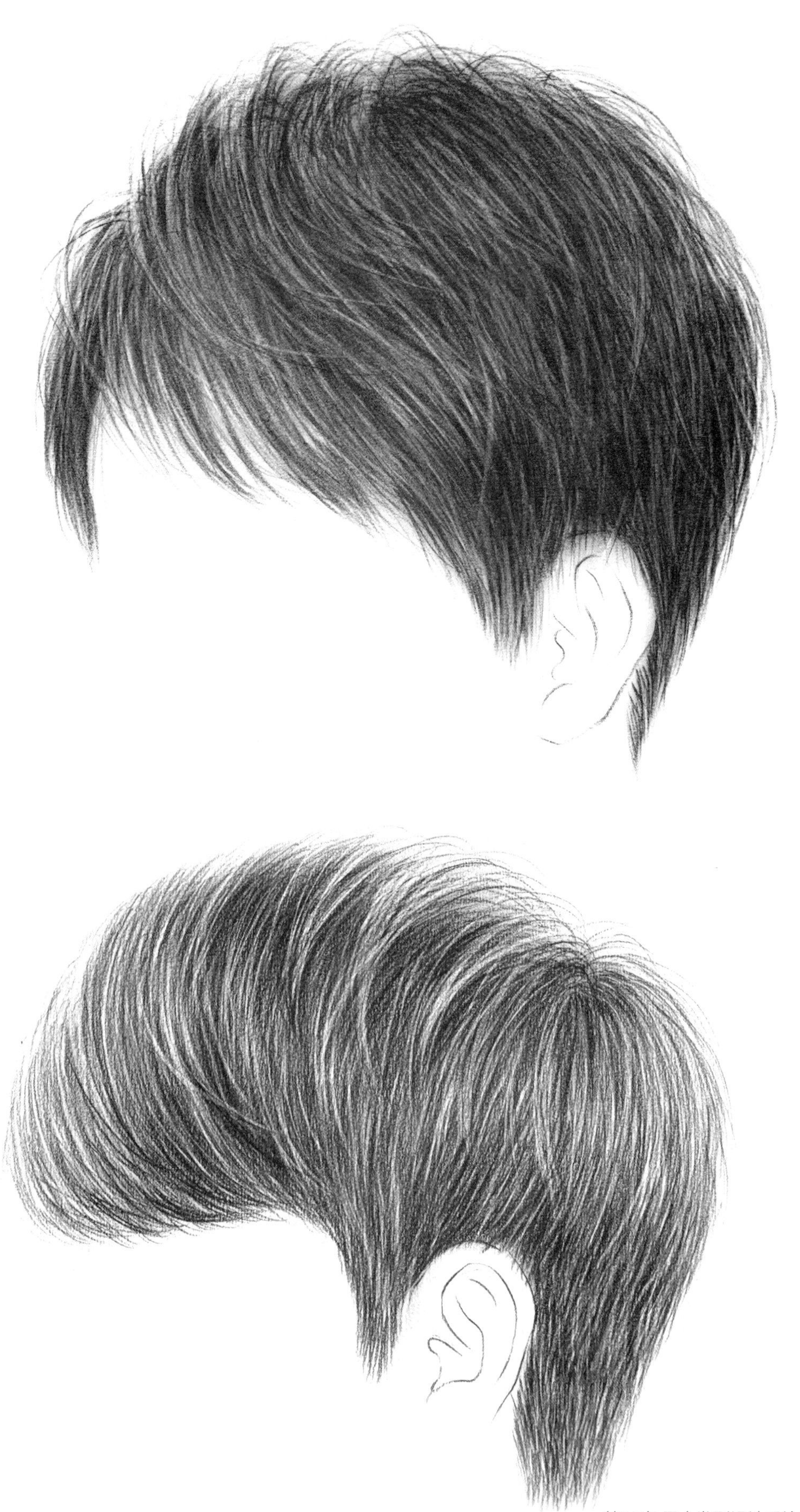

5.1.3 发辫

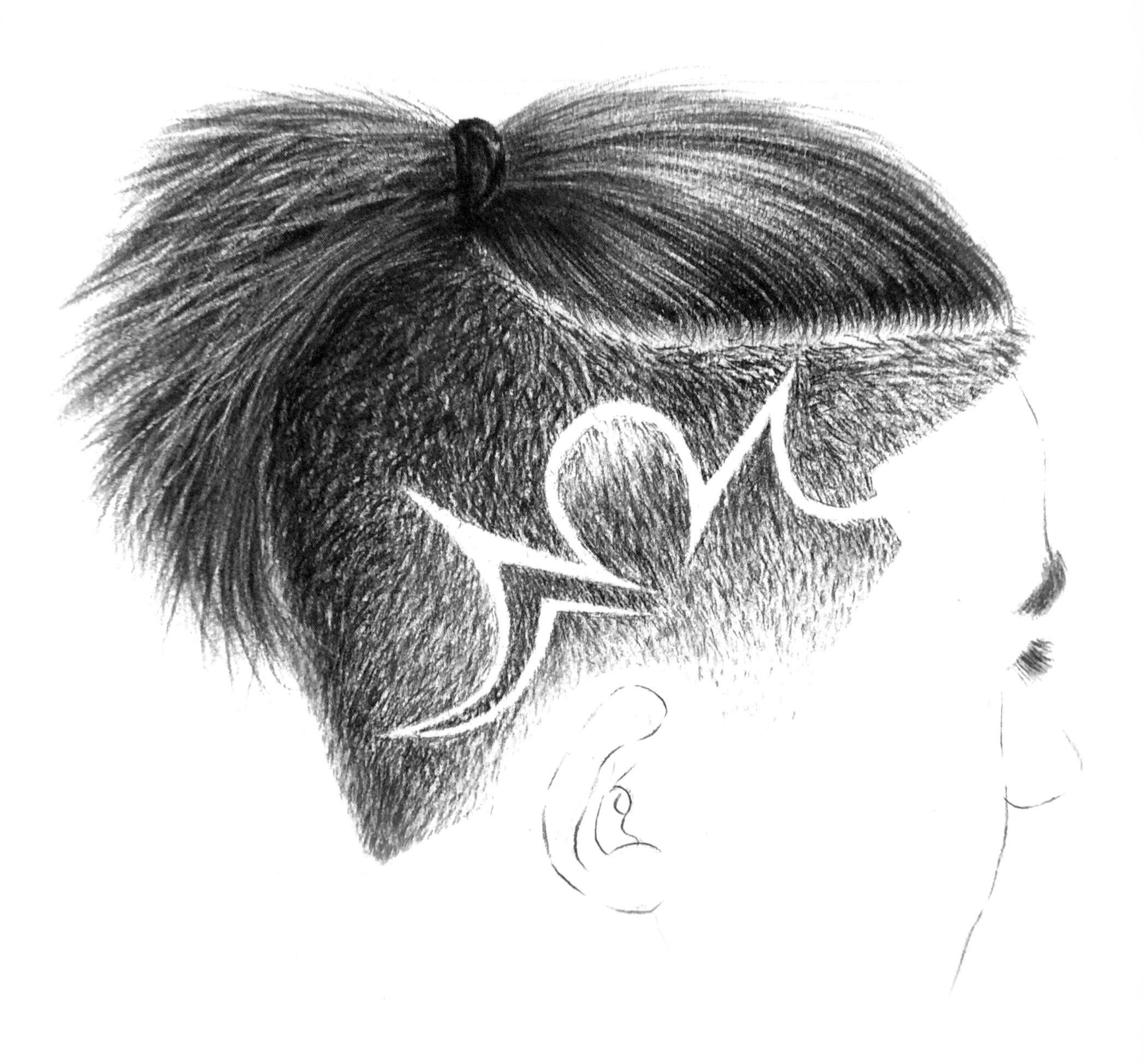

5.2 碎纹理

碎纹理是活动纹理，发尾呈现出各种卷曲、凌乱、不规则的动势。

5.2.1 瓜子头

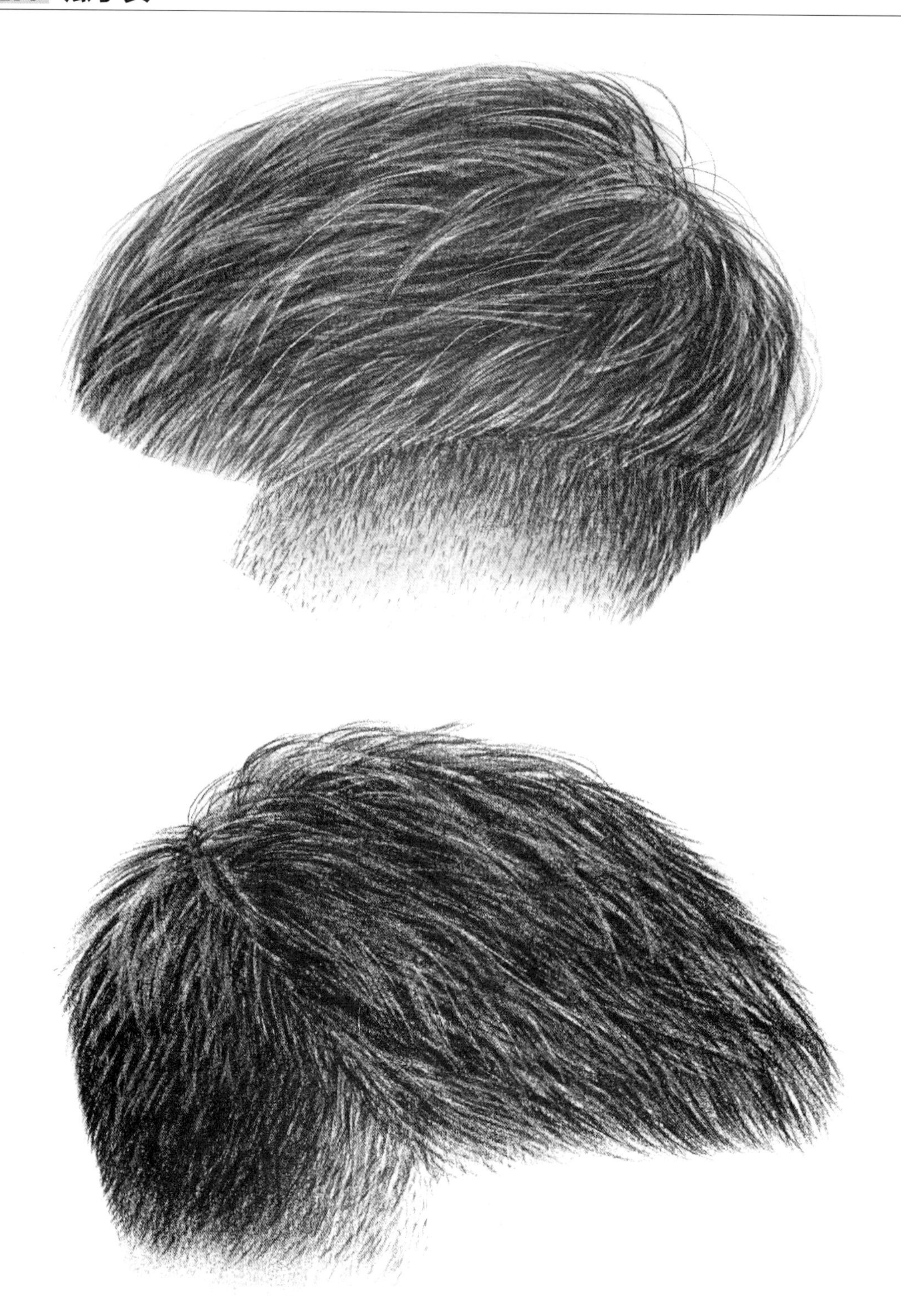

5.2.2 飞机头

5.2.3 纹理型碎发

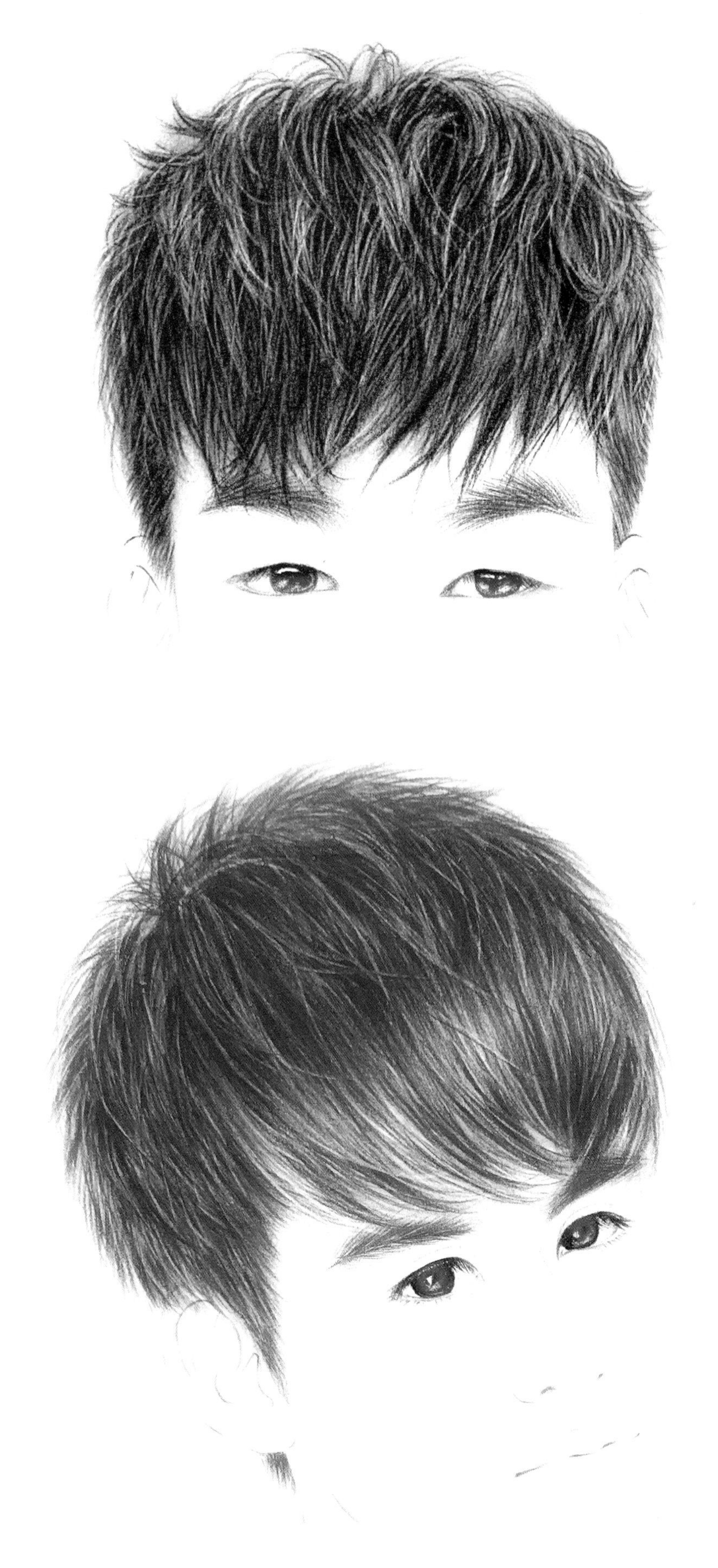

5.2.4 纹理烫

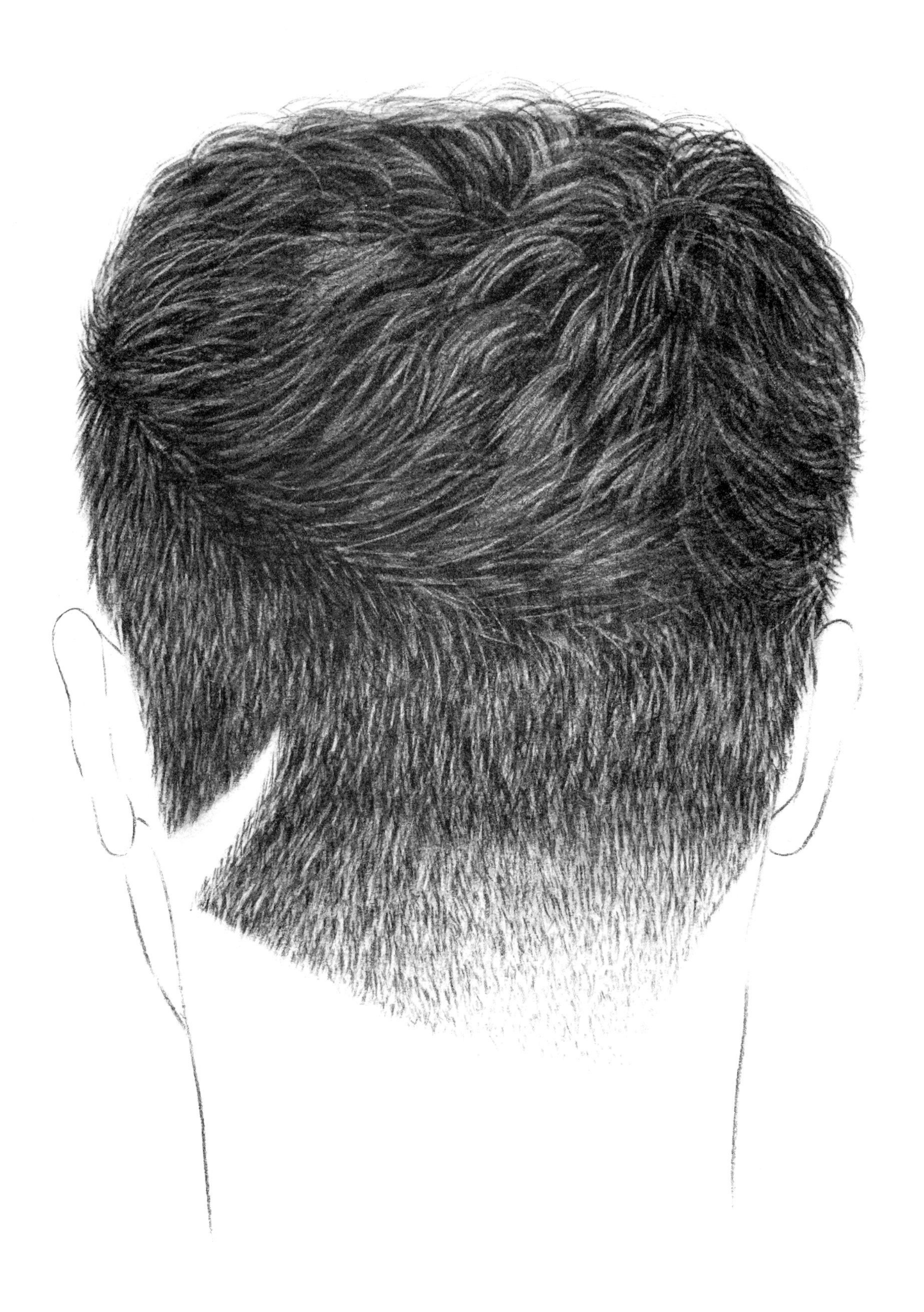

5.2.5 寸头

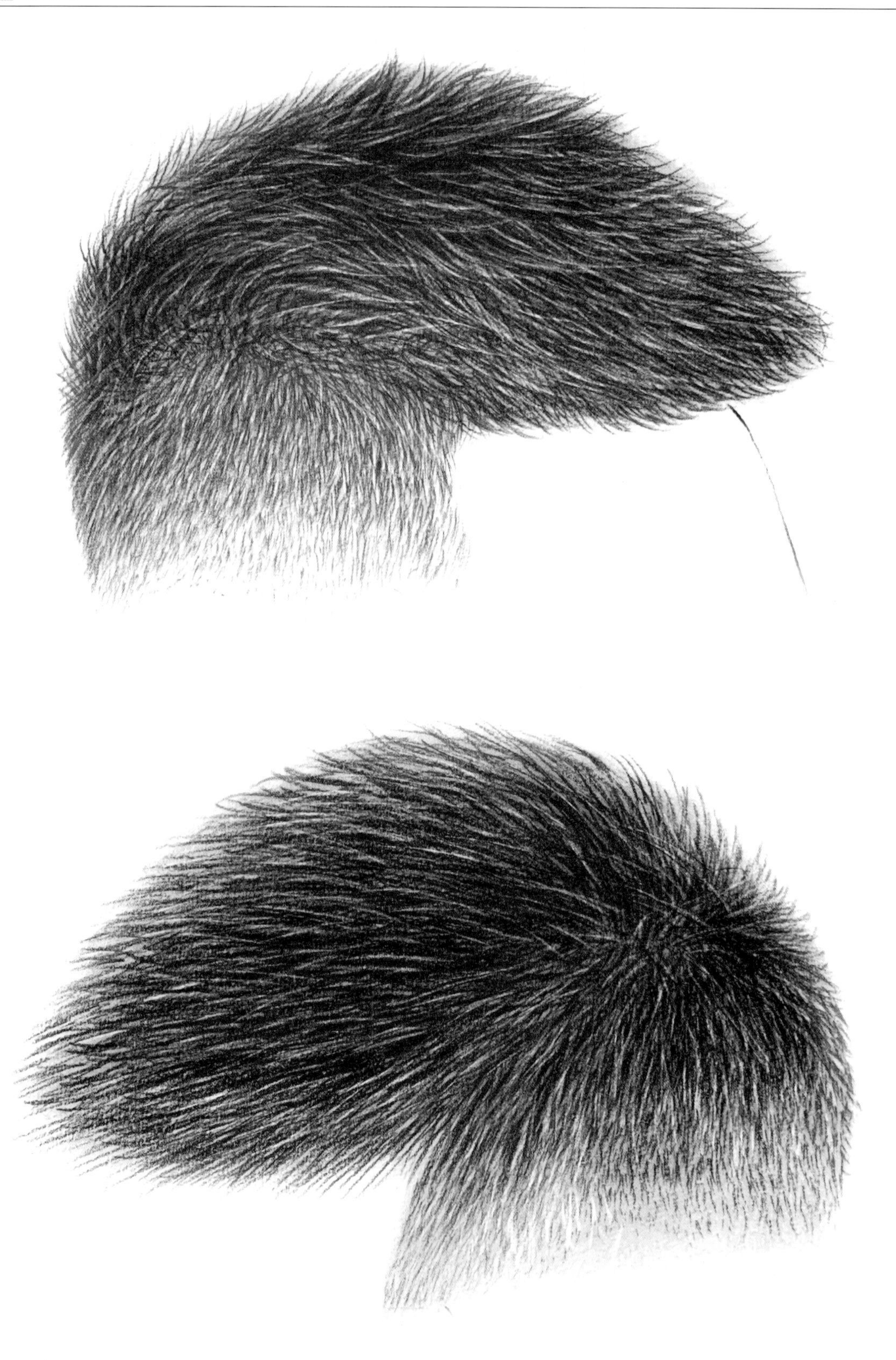

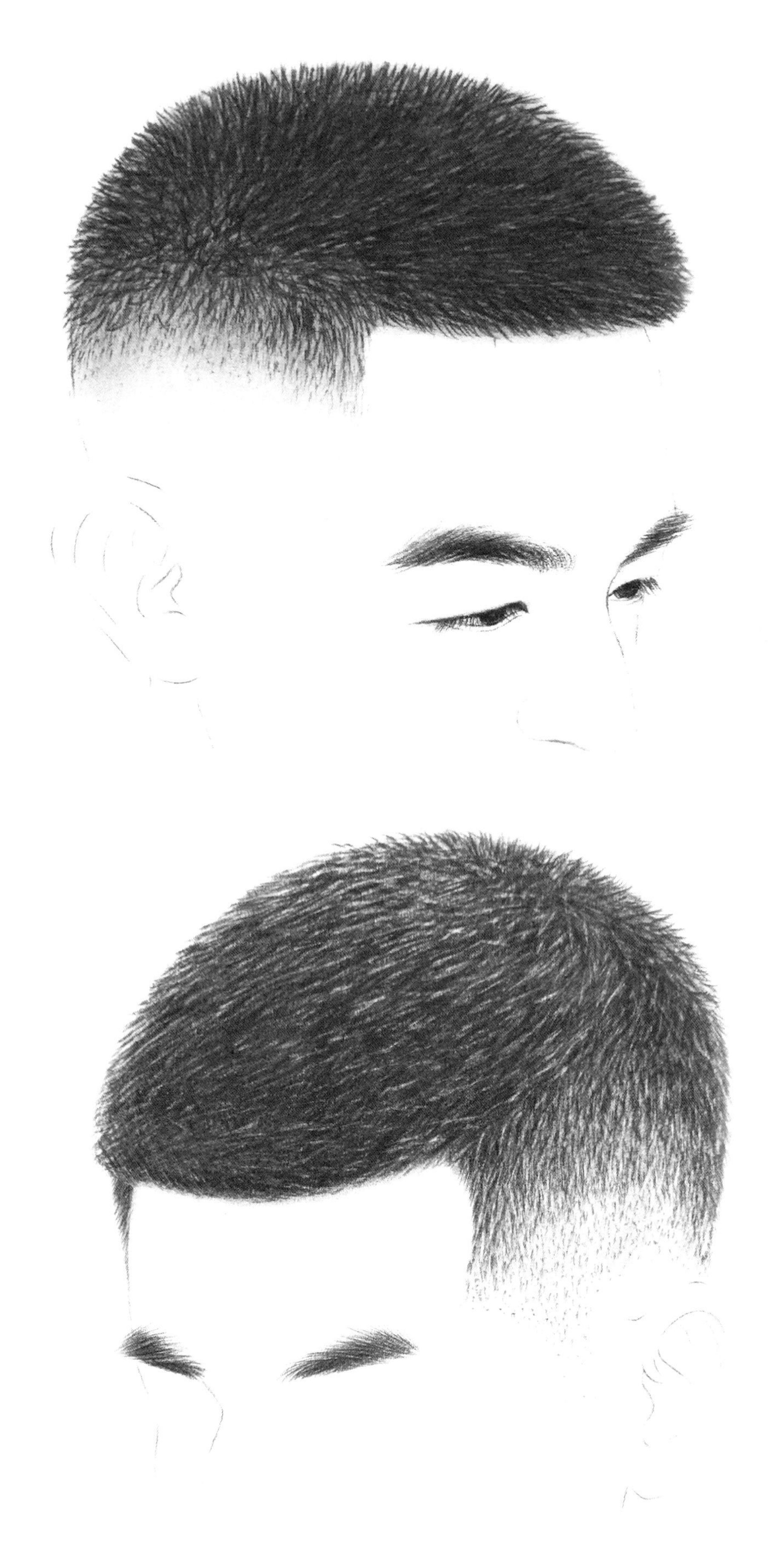

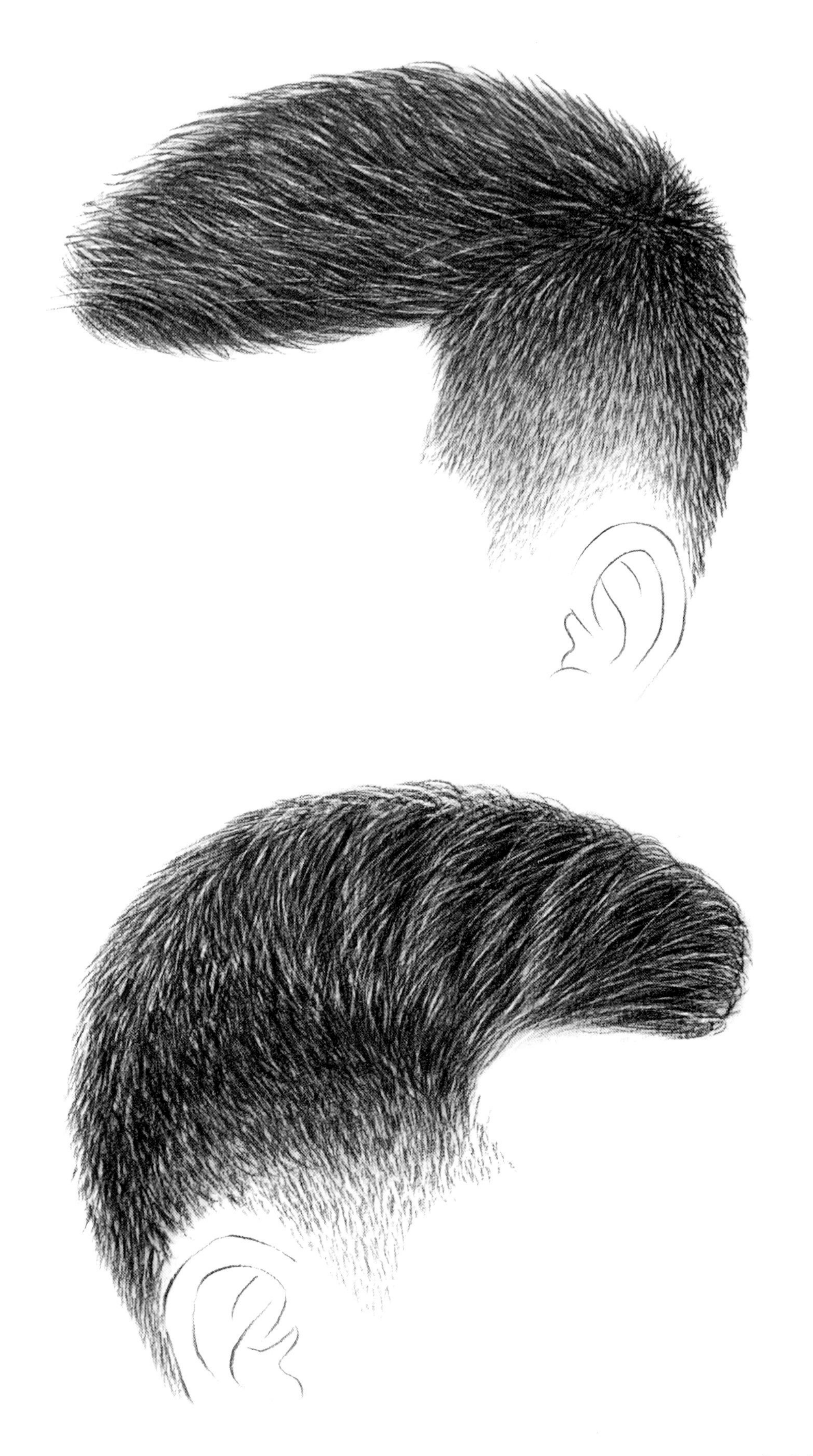

5.2.6 雕刻

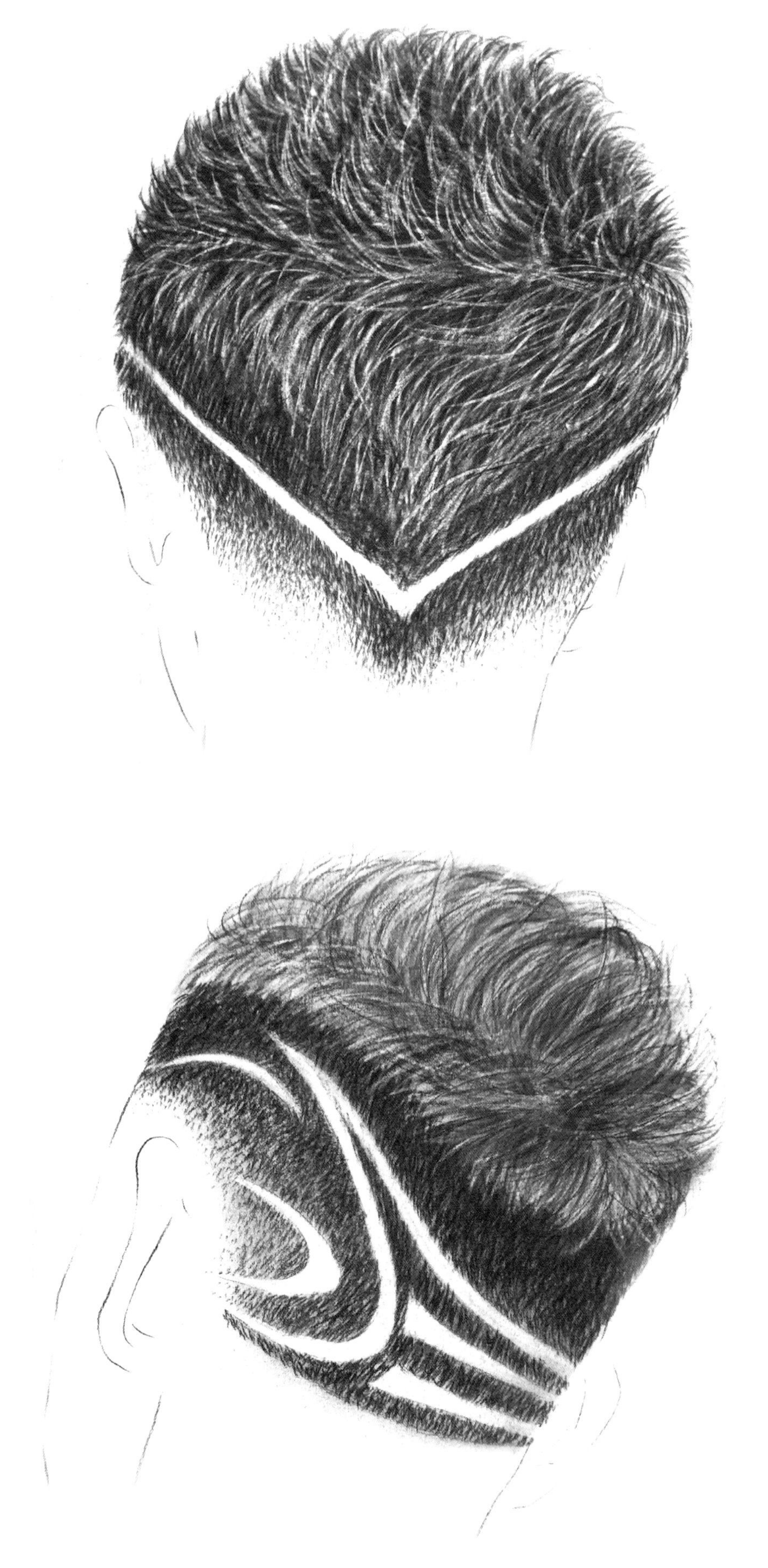

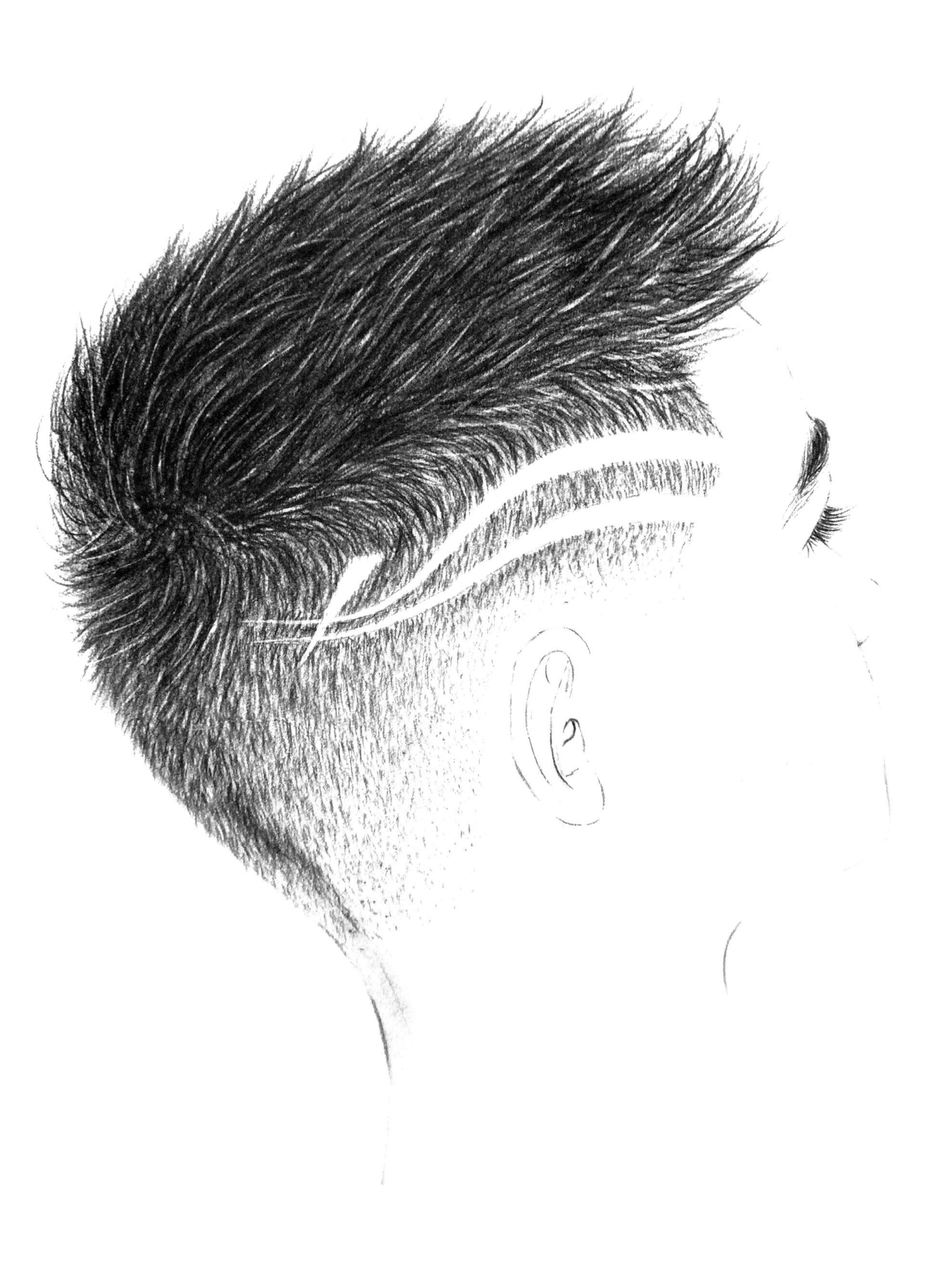

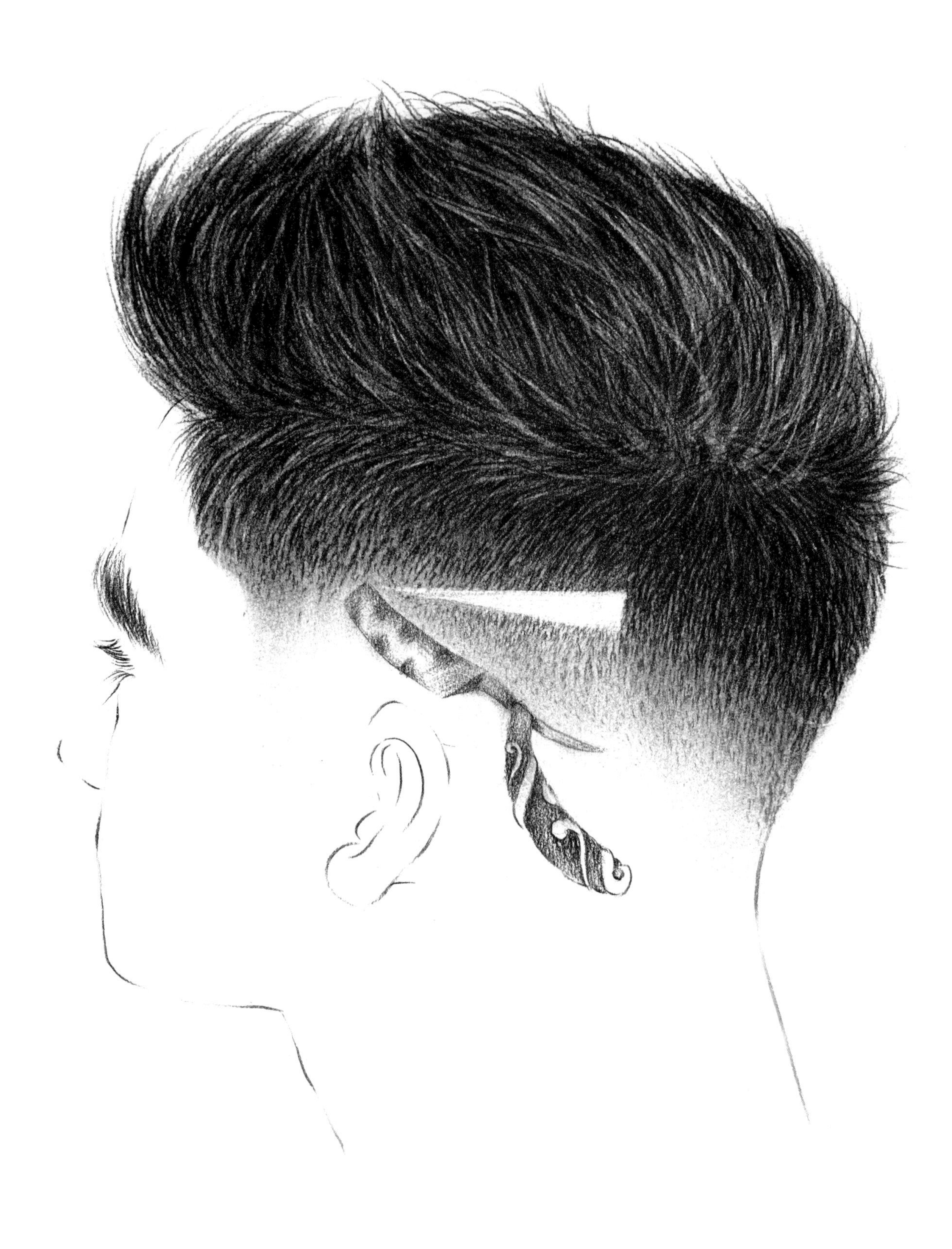

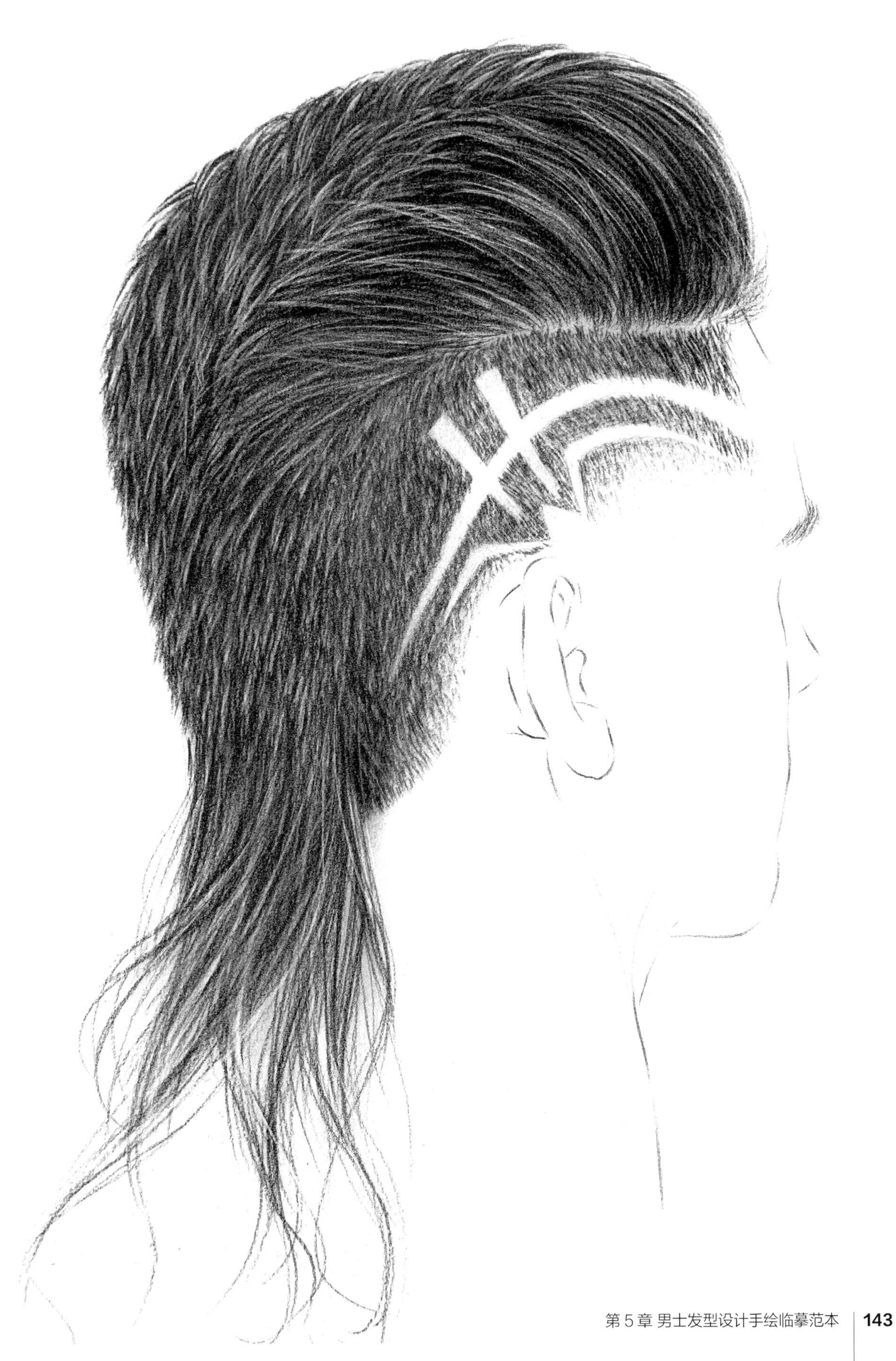

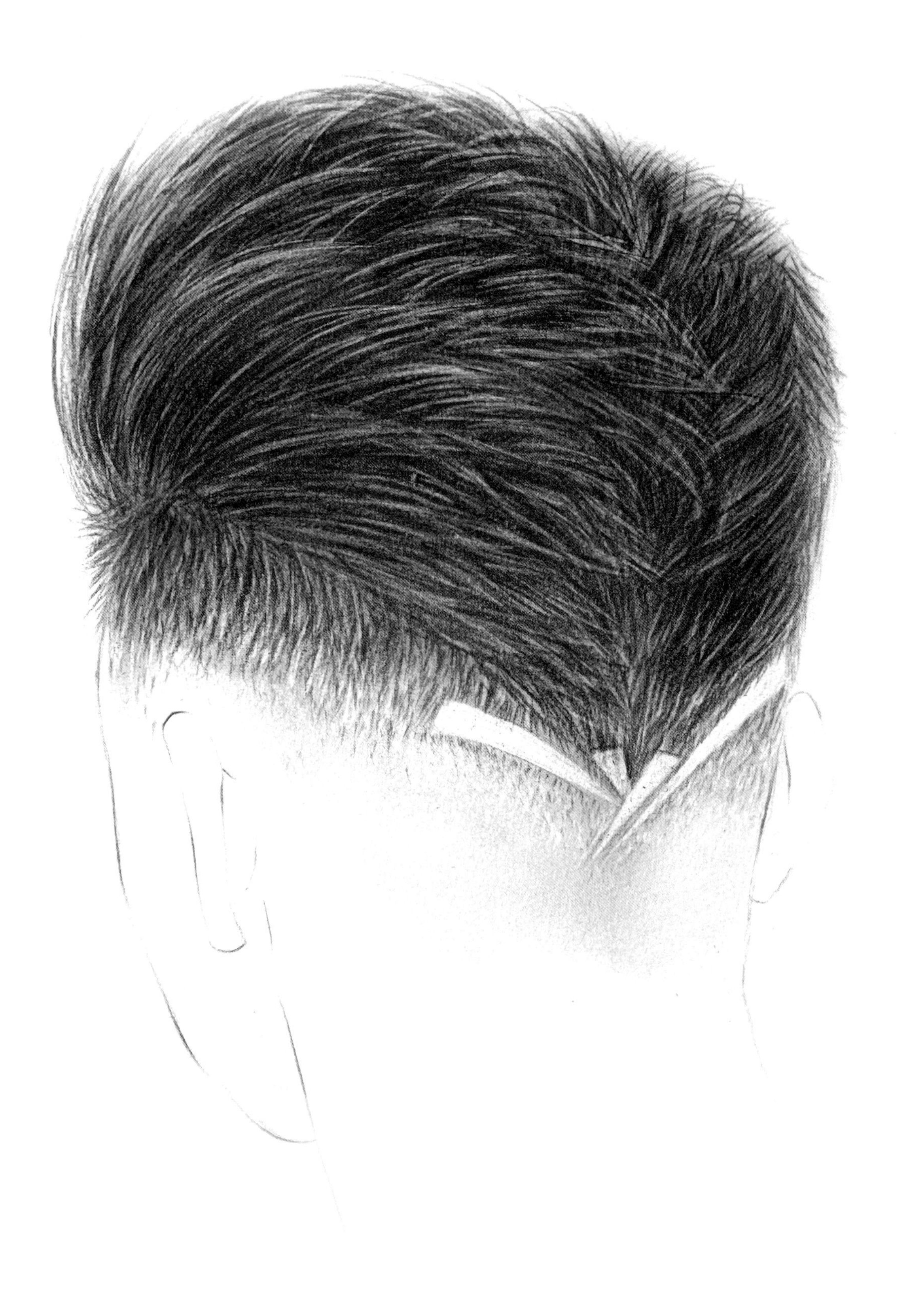

第6章

女士发型设计手绘临摹范本

6.1 直发纹理

女士直发纹理的绘制主要是根据不同的面与角度体现直线条的长短变化和动态方向。

6.1.1 正面刘海

6.1.2 侧背发梢

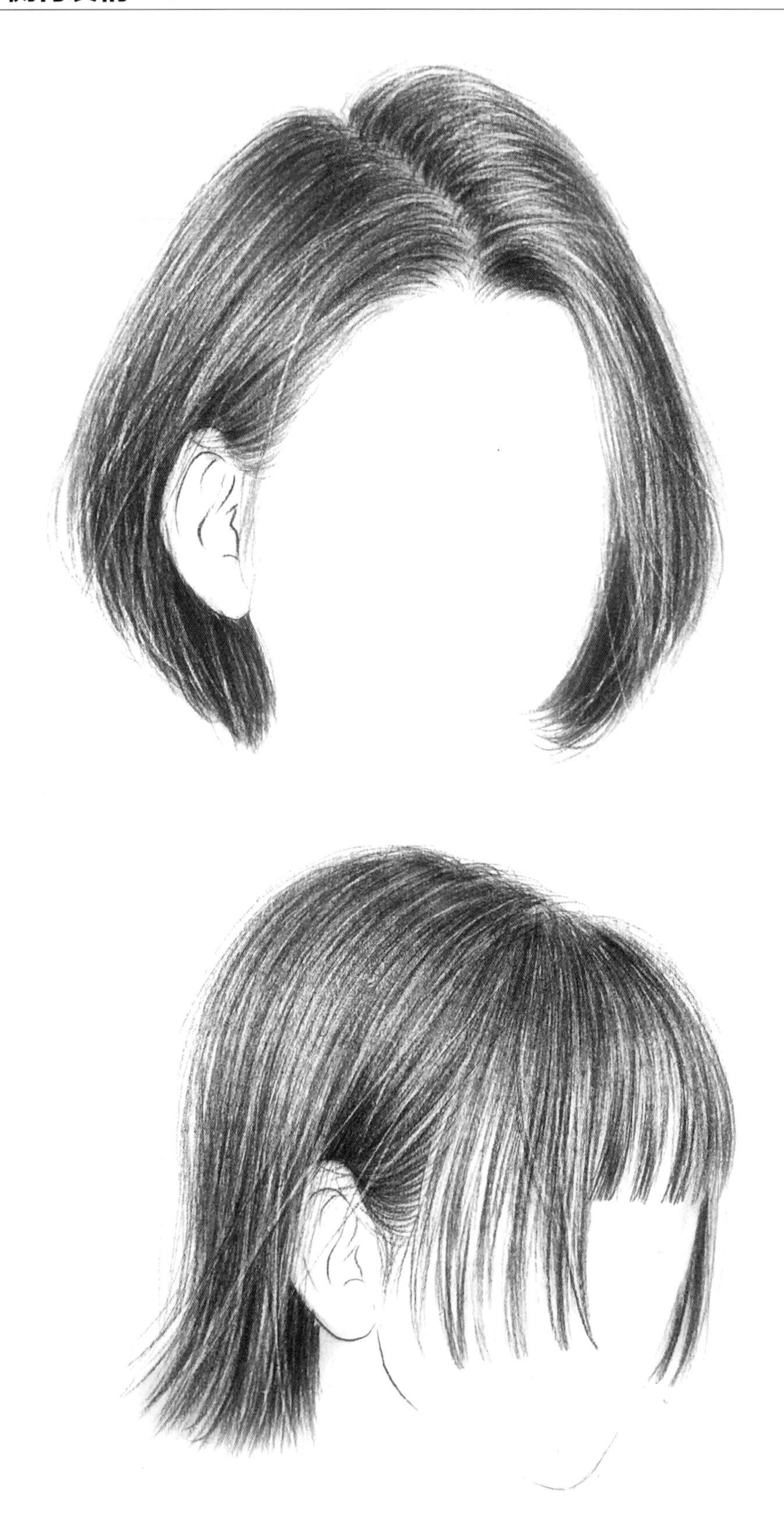

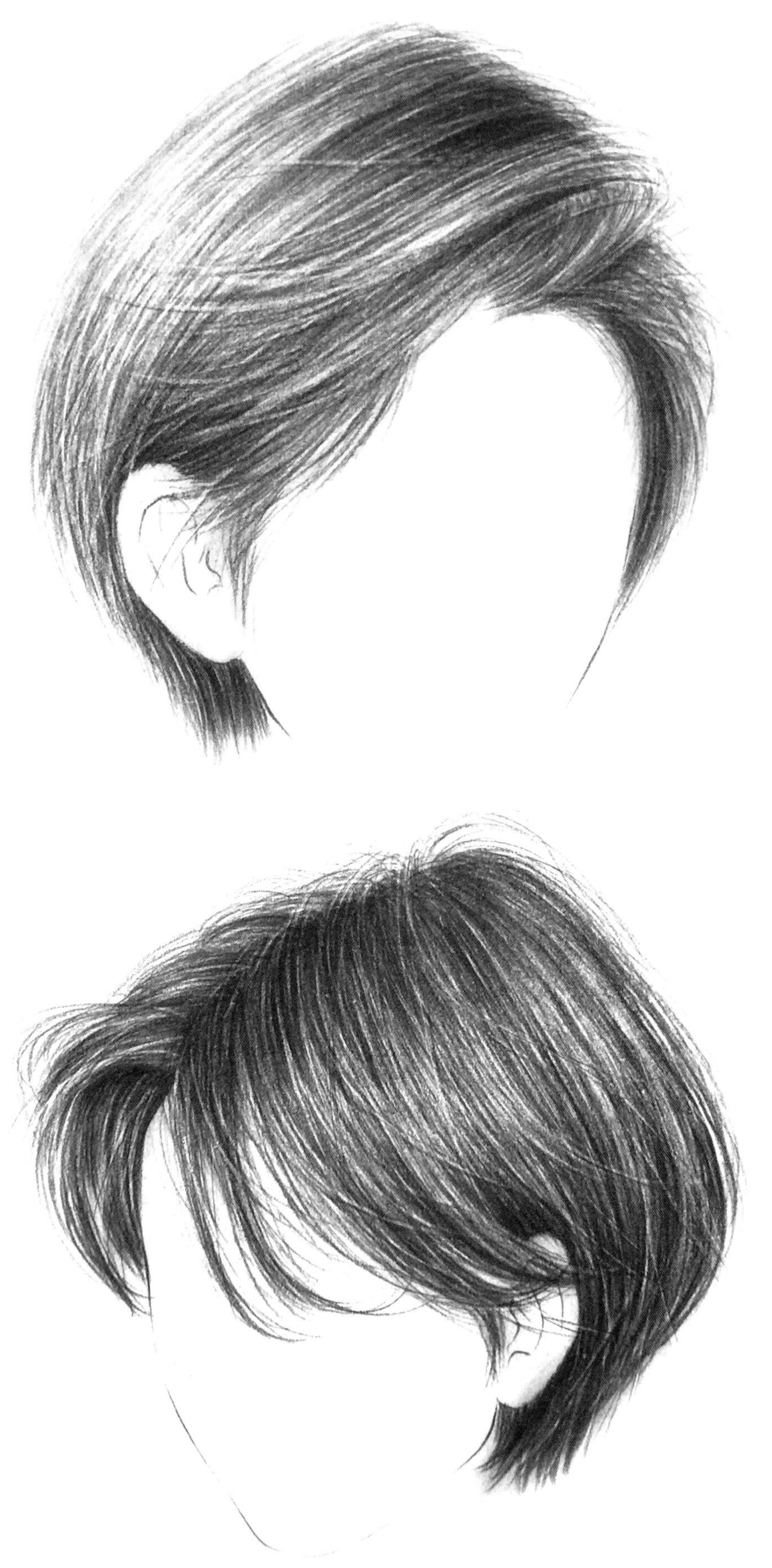

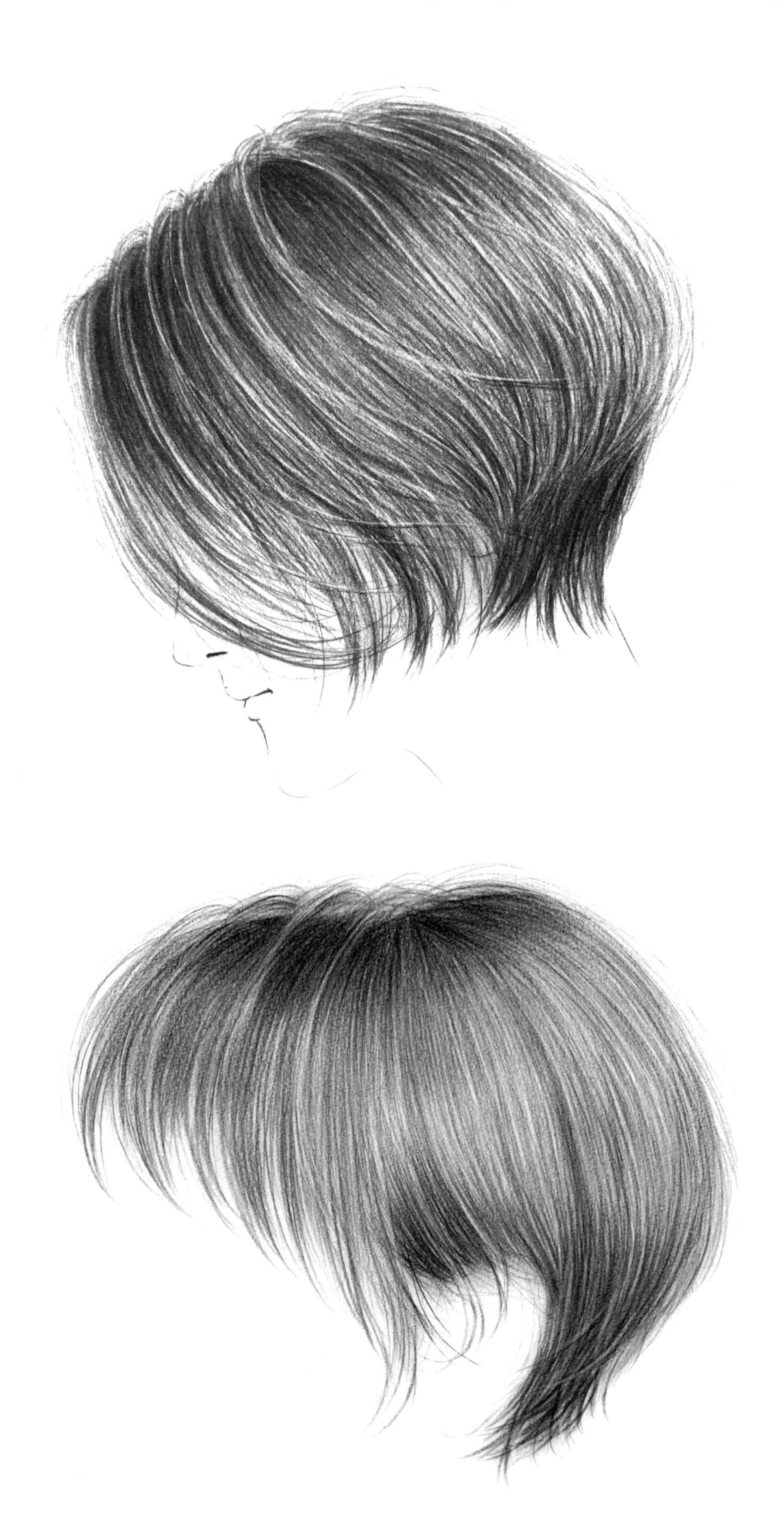

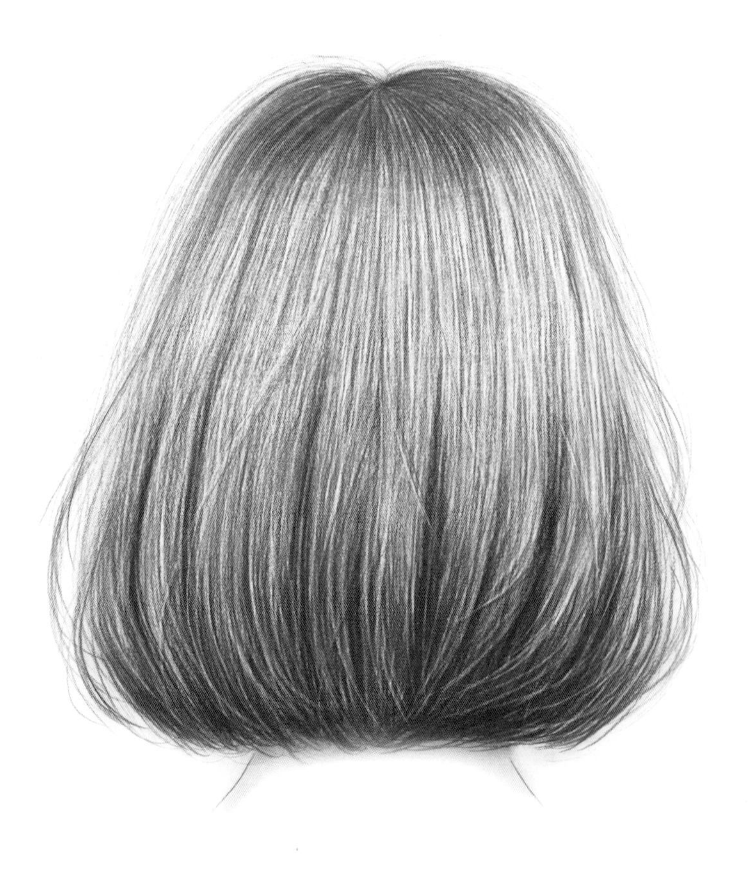

6.2 卷发纹理

卷发纹理是一款非常受欢迎的女士发型，不同的卷度和长度可以呈现出不同的风格，绘画时多以 S 形、C 形、O 形线条表现。

6.2.1 正面纹理

6.2.2 侧背面纹理

6.3 扎发纹理

6.3.1 丸子头

6.3.2 编发